UNE VISITE

AU

JARDIN DES PLANTES

PAR

J. da GAMA e CASTRO

Vicomte de SERNANCELHE

PARIS

IMPRIMERIE CHARLES DE MOURGUES FRÈRES

58, RUE JEAN-JACQUES-ROUSSEAU, 58

1875

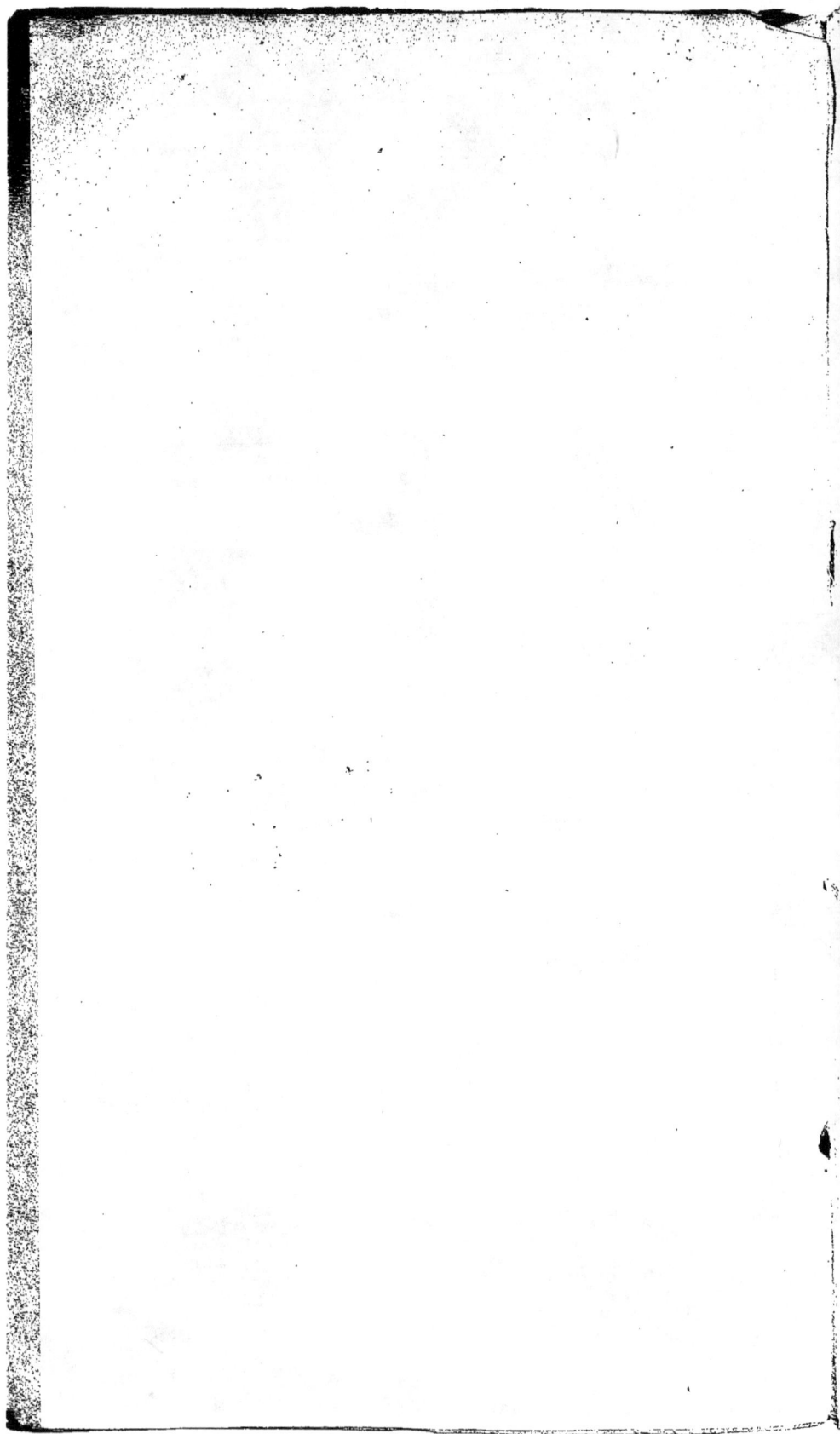

UNE VISITE

AU

JARDIN DES PLANTES

PAR

J. DA **GAMA** E **CASTRO**

Vicomte de SERNANCELHE

PARIS

IMPRIMERIE CHARLES DE MOURGUES FRÈRES

58, RUE JEAN-JACQUES-ROUSSEAU, 58

5377

1875

©

NOTICE BIOGRAPHIQUE

José da Gama e Castro, vicomte de Sernancelhe, né à Coimbre en Portugal, est issu d'une noble famille qui comptait parmi ses ancêtres, Jean de Castro, vice-roi des Indes, ce preux chevalier qui, pendant une campagne se trouvant sans argent, et obligé d'en emprunter, coupa sa moustache et la laissa comme gage de payement, et Vasco de Gama, le navigateur qui découvrit la route des Indes par le cap de Bonne-Espérance.

Élevé à l'Université de sa ville natale le jeune Gama s'y distingua de bonne heure par son aptitude et son application à l'étude des sciences, de l'histoire naturelle, des mathématiques, des langues mortes et vivantes, enfin des belles-lettres en général.

A l'âge de vingt ans, les autorités de cette Univer-

sité lui conférèrent les grades et les titres de Docteur
en philosophie et en médecine en ces termes :

« ..... Ainsi notre cher (élève), Joseph Gama de
« Castro, fils de Maurice-Joseph Gama de Castro, né
« à Coimbre, après avoir, pour obtenir le grade de
« Docteur dans notre Université de Coimbre, travaillé
« pendant plusieurs années, se livrant assidûment à
« de nobles études dans lesquelles il progressait,
« grâce à une vie exemplaire et à des veilles labo-
« rieuses, a enfin conquis avec éloges et honneur le
« grade de Docteur dans cette même Université ; le
« temps réglementaire d'études étant écoulé, et après
« un examen minutieux sur les préceptes, il a donc
« été, a l'unanimité, créé Docteur en philosophie,
« au nom du Roi et par la commission de leurs Exc.
« et Rév. ..... »

Au sortir du collége, il entra dans la maison du
roi Don Miguel et devint l'ami de ce roi malheureux
et des princesses ses sœurs.

Lorsque éclata la révolution de 1834, qui obligea
Don Miguel à quitter Lisbonne, ses amis, et entre
autres M. de Castro, se trouvèrent en butte aux per-
sécutions des révolutionnaires qui avaient offert
25,000 francs environ pour sa capture. Un jour qu'il
était occupé à écrire, la porte de sa chambre s'ouvrit,
et il vit, dans une glace placée devant lui, paraître

trois gendarmes qui lui demandèrent d'un ton brusque :

— Savez-vous, Monsieur, où se trouve M. de Castro ?

— Je suppose, répondit-il sans lever la tête, qu'il doit se trouver à sa maison de campagne de Mafra.

Les gendarmes se retirèrent en saluant, et lui, sans perdre un instant, ramassa l'argent qu'il avait sous la main et se sauva sur un navire anglais qui se trouvait dans le port prêt à faire voile pour Gênes. Ainsi que les autres fugitifs, il se flattait que le calme rentrerait bientôt dans les esprits, que Don Miguel reprendrait possession de sa couronne, et qu'avec lui il retournerait dans sa patrie ; vain espoir qui ne devait jamais se réaliser !

A Rome, où il rejoignit Don Miguel, il fut témoin de la considération avec laquelle ce prince était reçu dans cette ville. Ce prince, si cruellement calomnié par ses ennemis, mais si aimé par ceux qui l'entouraient, n'avait pas de plus fidèle ami que M. de Castro, qui, plus tard, combattait par ses brillants articles dans plusieurs journaux, pour la cause de son roi et de la légitimité.

De Rome, il se rendit à Milan où l'attendaient d'affreux malheurs. Les haines et les divisions politiques étaient alors d'une telle violence, que l'on risquait beaucoup en émettant une opinion quelconque ; le mieux était de se taire et de cacher ses sentiments le plus possible. Au restaurant où il dînait habituelle-ment, M. de Castro se mêlait rarement à la conversa-tion ; mais un jour quelques individus se mirent à débiter contre Don Miguel des calomnies à la mode de ce temps. Alors il se lève, et avec une généreuse hardiesse, dans une brillante réplique, il réfute un à un tous ces mensonges, au grand étonnement des uns et aux applaudissements de ceux qui osent applau-dir. Quelques jours après, il se trouva en compagnie d'un des convives de ce même dîner qui lia conversa-tion avec lui et, sous prétexte de lui faire connaître un restaurant qui servait mieux et à meilleur marché, l'engagea à s'en assurer, lui promettant qu'il en se-rait satisfait. M. de Castro s'y rendit et trouva déjà attablé son nouvel ami. Aussitôt le dîner fini, il se sentit pris des plus atroces douleurs et tomba à terre comme frappé de mort ; on le releva, le trans-porta à son domicile, et on découvrit bientôt qu'il lui avait été administré quelque poison violent.

En proie à d'horribles souffrances et suspendu entre la vie et la mort, il resta étendu pendant trois mois sur un lit de douleur. Triste, affaibli, abandonné, il exhalait sa peine dans cette plainte touchante :

J'ai vu mes tristes journées
Décliner vers leur penchant ;
Au midi de mes années
Je touchais à mon couchant :
La mort déployant ses ailes
Couvrait d'ombres éternelles
La clarté dont je jouis ;
Et dans une nuit funeste
Je cherchais en vain le reste
De mes jours évanouis.

Comme un lion plein de rage
Le mal me brisait les os,
Le tombeau m'ouvrait passage
Dans ses lugubres cachots.
Victime faible et tremblante
A cette image sanglante,
Je soupirais nuit et jour ;
Et dans ma crainte mortelle
J'étais, comme l'hirondelle,
Sous les griffes du vautour.

Hélas ! de cris et d'alarmes
Mon mal semblait se nourrir,
Et mes yeux noyés de larmes
Étaient lassés de s'ouvrir.
Je disais à la nuit sombre :
O nuit ! tu vas dans ton ombre
M'ensevelir pour toujours.
Je redisais à l'aurore :
Le jour que tu fais clore
Est le dernier de mes jours.

Mais, Dieu ! il faut que la terre
Connaisse en moi vos bienfaits ;
Vous ne m'avez fait la guerre
Que pour me donner la paix.

Heureux l'homme à qui la grâce
Départ ce don efficace
Puisé dans ses saints trésors,
Et qui rallumant sa flamme,
Trouve la santé de l'âme
Dans les souffrances du corps.

(ISAIE : Chap. 38.)

Oui, il avait été empoisonné ! Et lorsqu'il commença
à se rétablir, il vit avec consternation diminuer rapidement ses ressources, et, malgré la plus stricte
économie, disparaître tout son argent ; malade, il y
avait des jours où un morceau de pain était sa seule
nourriture. Enfin Don Miguel lui envoya une somme
de 300 francs avec laquelle il se crut riche et quitta
cette ville fatale, la tristesse dans l'âme et la santé dé-
truite.

De Milan il entra en Suisse et parcourut presque
tous les cantons, observant avec attention les mœurs
et les gouvernements, notant ses observations dans
un recueil intéressant qu'il publia ensuite. Voyant
que la révolution dominait toujours en Portugal, il
se décida à s'établir en Suisse pour utiliser ses immenses ressources intellectuelles. Dans ce but il se
présenta comme candidat pour la chaire de professeur
de sciences et mathématiques, alors vacante dans le
collége de Saint-Blaise ; après un examen dans lequel
l'examinateur était plutôt lui que ceux qui l'exami-
naient, il fut accepté. Très-considéré et comparative-

ment heureux, il y resta plus d'un an. Mais sentant
la nécessité de refaire sa fortune, il quitta la Suisse
et voyagea quelques temps en Allemagne, puis en
Hollande, rencontrant des aventures et les consignant
dans un journal amusant et instructif sous le titre :
Diario di minha emigracâo.

Après une année de cette vie errante, il se décida à
faire un grand pas ; à céder à de nombreuses sollicita-
tions faites par plusieurs personnes influentes à Rio
de Janeiro, et par des amis qu'il s'était acquis dans
l'Université de Coimbre et qui l'engageaient à venir les
retrouver dans ce pays lointain. Il s'embarqua donc
pour le Brésil le cœur plein de doute et de tristesse.
Mais en y arrivant, au mois d'août **1838**, son décou-
ragement se changea en espérance ; il fut reçu à bras
ouverts ; sa réputation de savant et d'écrivain hors
ligne l'avait devancé. De tous les côtés, on lui prodi-
gua des témoignages d'affection et de respect. A Rio, il
devint collaborateur du *Journal du Commerce,* le plus
important journal du Brésil, et publia aussi plusieurs
ouvrages : *Le Nouveau Prince,* œuvre politique par
laquelle il a voulu répandre gratuïtement des idées de
saine politique en Portugal ; *Le Fédéraliste,* œuvre
dont il fut chargé par le gouvernement du Brésil
pour combattre les tendances séparatistes des provin-
ces ; l'*Exorciste, Types de notre époque,* journal heb-
domadaire satirique ; ce journal entrait en campagne

provoqué par les prétentions outrageantes des journaux socialistes ; il les attaqua, les fustigea et les rendit tellement ridicules, qu'il força ces énergumènes de battre en retraite et de cesser leurs publications ; *Le Bonnetier*, petite pièce satirique.

Il fit encore quelques pièces de théâtre, des poésies et une infinité d'autres écrits trop nombreux à citer, mais à aucun il n'a voulu, par modestie, mettre le nom de l'auteur. Il prenait plaisir à écouter les critiques d'autrui et parfois même les plagiats faits dans ses écrits.

Son dernier bienfait envers les Brésiliens fût l'établissement de l'homéopathie dans ce pays, entreprise qu'il commença seul, sans aide aucune. Hahnemann lui en fût très-reconnaissant et lui envoya un diplôme de membre de l'institut homéopathique de Paris, et la première œuvre sur la médecine homéopathique qui parut à Rio de Janeiro lui fut dédiée. Les médecins enragèrent, mais furent obligés de se soumettre.

Après quatre ans de résidence au Brésil, il commença à ressentir les effets de ce climat torride, « cimetière des Européens. » Il écrivait de Rio au mois d'août :

« Quand en Europe, je me plaignais si amèrement des climats rigoureux de la Hollande et de l'Allemagne à cause du froid, c'était parce qu'alors, je n'avais pas la moindre idée de ce que l'on peut souffrir dans ces brûlants climats des Tropiques. Mille fois préférables les froids du Nord que ces chaleurs qui anéantissent un homme, le prosternent par terre, quelque courageux qu'il soit, en lui enlevant toutes ses forces. Contre les premiers, au moins les gens peuvent se défendre par mille moyens, comme dit Horace : (Odes. liv. 1, 9) *ligna super foco large reponens* ; mais contre les derniers, pas de ressources efficaces. Les trois mois de décembre, janvier et février pendant lesquels le thermomètre Fahrenheit marque 96 degrés et plus (33° 5 centig.) peuvent donner une excellente idée de ce que doit être l'enfer, sans qu'il soit nécessaire d'y aller.

« Si le Dante avait éprouvé ce que souffre ici la triste humanité pendant ce premier quartier de l'année, certes il aurait poétisé ces tourments à sa manière, et ce ne serait peut-être pas l'épisode le moins intéressant de son poëme. Dormir la nuit est impossible, car on est toujours en sueur ; et quand les yeux, à force de fatigue, veulent se fermer, alors arrivent les moustiques, qui en quelques minutes transforment un pauvre homme en un véritable Lazare. Le seul moyen pour résister à ces ardeurs infernales consiste à me lever à trois heures du matin, à me jeter dans la mer, et à y rester jusqu'à ce que la fraîcheur de l'eau pénètre jusqu'à la moelle des os. Je sors alors du bain et rentre chez moi pour dormir un peu.

« Malgré toutes ces rigueurs c'est plaisir d'enten-
dre les habitants de ces rives discourir sur l'excellence
du climat de leur pays, la bouche toujours remplie
de la verdure éternelle de leurs collines. Il est certain que les collines sont toujours vertes, puisque les
arbres ne perdent jamais leur feuillage, mais quelle
verdure ! C'est une verdure sombre et obscure qui
infiltre dans l'âme un sentiment de mélancolie irrésistible, auquel doit-on peut-être attribuer en grande
partie la fréquence des suicides parmi les Européens.
Quant à moi, je préfère mille fois à cette triste mono-
tonie, les alternatives de la végétation de l'Europe,
où les arbres sont tantôt dépouillés de feuilles et ré-
duits à l'état de squelettes, tantôt richement vêtu d'un
vert joyeux qui ravit les yeux et remplit l'âme d'un
sentiment délicieux. Quand au printemps les premières feuilles commencent à paraître, on se sent
renaître avec elles. Mais à Rio de Janeiro, la seule
époque de l'année pendant laquelle on puisse jouir
de la vie, c'est l'hiver, surtout les deux mois de juil-
let et d'août.

« Une chose dont j'avais l'imagination remplie en
arrivant ici, était les forêts vierges dont j'avais lu
de si brillantes descriptions, et que Châteaubriand
surtout a tant poétisées. Il me tardait de me trouver
seul dans ces lieux déserts, je voulais faire con-
naissance avec ces forêts sauvages contemporaines du

déluge universel, où n'a jamais résonné la voix de l'homme ; je me proposais de scruter les mystères de cette densité encore vierge, qui révèle seule ses secrets à ceux qui savent l'interroger.

« J'arrivai, je vis, et je me décourageai, car la forêt réellement vierge est absolument impénétrable; les entrelacements des arbres défendent tout passage. A cheval seulement il est possible d'entrer par où l'industrie humaine a déjà frayé des sentiers, le pied ne peut pas avancer plus loin, et à chaque instant on peut rencontrer un boa ou un serpent à sonnettes, qui ne sont pas des gaillards avec qui l'on trinque.

« Pour pouvoir jouir de toute l'horrible et infernale poésie de ces immenses forêts, dont on ne peut se former une idée sans les avoir vues, il faut que le voyageur ait le courage de passer au milieu d'elles une ou deux nuits. C'est ce que je tentai. J'attachai mon cheval à l'arbre le plus convenable, je montai dans un autre dans le haut branchage duquel je suspendis mon hamac, qui devait me servir de chambre à coucher. Étant alors sans crainte des panthères ou des caïmans, j'ai pu observer à mon aise des scènes dignes du Pandémonium.

« Tous ces bois sont entrecoupés par des marais et branchages entrelacés, où, à la faveur de la chaleur et de l'humidité du climat, pullullent à l'infini mille différentes espèces de reptiles, surtout de l'ordre des bactraciens, vulgairement appelés crapauds. Lorsque vient la nuit, ils commencent leurs épithalames qui ne finissent qu'au matin. Ces épithalames sont les chants d'amour des différentes espèces de crapauds. Chaque espèce a son chant particulier; et comme le nombre de ces différentes espèces est innombrable, il n'existe pas de langue, toute riche qu'elle soit en termes pour exprimer la variété des sons que les organes vocaux peuvent former, qui ne soit impuissante pour donner une idée de cet orchestration.

« Imaginez en effet tous les sons possibles les plus étranges, les plus bizarres, et encore vous resterez mille et mille fois au-dessous de la réalité. Dans une symphonie infernale et bruyante vous les entendrez, ceux-ci pleurer, ceux-là rire, les uns siffler, les autres paraissant faire claquer les doigts; par leurs cris quelques-uns imiter une cloche qui sonne, d'autres, un marteau qui frappe sur l'enclume du forgeron. Une heure de cette musique infernale suffirait pour rendre fou un homme superstitieux, qui nécessairement devrait se supposer transporté au milieu de l'enfer, au moment d'une grande discussion dans les chambres du Pandémonium. Quand arrive le matin tout l'orchestre se tait. J'ai pu alors examiner à loisir quelques-uns des musiciens.

« Le plus curieux de tous est celui qu'on appelle le

crapaud accoucheur. Il est, sans la moindre question,
la créature la plus hideuse de la nature entière ; il
est impossible qu'il y ait une vision de l'enfer qui
cause plus d'horreur, lorsqu'il se présente, enjolivé
de tous ses agréments. Il n'est rien de plus singulier
que la manière par laquelle la reproduction de l'espèce se réalise chez ces animaux. A mesure que la
femelle pond ses œufs, le mâle les arrange au moyen
de ses immenses jambes, sur son propre dos, où
chaque œuf se fixe en produisant dans la peau une
petite excavation, qui lui sert de berceau pendant
tout le temps de cette extraordinaire incubation. De
cette manière, partout où va le crapaud accoucheur,
il a la satisfaction de porter sur lui toute sa progé-
niture, qui monte à plusieurs centaines d'individus.
Lorsque arrive le temps de la naissance de cette immense famille, on aperçoit sur le dos du crapaud
père un mouvement extraordinaire comme celui d'un
essaim se préparant à partir. Ici paraît une tête, là
une autre, puis vingt, puis cent, en peu de temps
c'est une nation de monstres, tous aussi hideux et
aussi horrifiques que le monstre leur père. Je défie
l'imagination d'un poëte, toute féconde qu'elle soit,
d'inventer spectacle plus hideux, plus horrible. Le
crapaud accoucheur acquiert quelquefois des proportions colossales ; celui qui me servit pour ces remarques
était à peu près grand comme le fond d'un chapeau. »

Après s'être acquis quelque fortune par ses travaux, Monsieur de Castro se prépara à quitter le Brésil, « ce climat mortel qui m'assassine, » disait-il, et à se rendre en Europe. « Je ne sais encore, écrivait-il, dans quel pays je me réfugierai, mon intention est de choisir celui où je pourrai continuer à travailler pour la grande œuvre de la restauration portugaise. Tous les pays me sont indifférents, car toujours pour moi sera marâtre la terre étrangère. Un seul j'habiterais avec bonheur, et c'est celui dont les portes me sont fermées. »

Il quitta donc le Brésil avec les regrets de tous ceux qui le connaissaient, ou personnellement, ou par ses écrits; laissant derrière lui la réputation d'un homme de bien, autant que celle d'un savant, dont la diligence au travail, l'honneur chevaleresque et la pureté de mœurs devaient servir d'exemple à tous.

Il choisit la France, et se fixa à Paris où il commença bientôt à combattre pour la cause de la légitimité contre tous les adversaires de ce droit qu'il définit ainsi : « Justice dans l'acquisition, longue durée dans la possession et possession pacifique. »

Dans cette polémique il se distingua invariablement par sa modération, ses raisonnements profonds et sa critique spirituelle.

A Paris il employait ses loisirs à visiter les monuments de la ville, qu'il décrivit l'un après l'autre dans un volume semé d'observations originales, de détails intéressants et d'anecdotes. Il affectionnait surtout le Jardin des Plantes, et suivait les cours des professeurs d'Histoire naturelle et de Paléontologie de cet établissement, ainsi que ceux de la Sorbonne et des autres écoles; car il était avide de tout ce qui tenait à la science.

Pendant l'année de 1848, il fut observateur attentif de toutes les péripéties de la révolution, s'informant de tout, notant tout avec exactitude; il a raconté minutieusement l'histoire de ces événements dans une œuvre pleine de verve et d'actualité.

Le *Journal du Commerce* de Rio de Janeiro, dans un article nécrologique dédié à la mémoire de Monsieur de Castro, s'exprime ainsi : « C'était un homme d'une immense érudition, d'un profond jugement, et doué d'une prodigieuse mémoire. Dans la polémique, personne ne savait manier le sarcasme et l'ironie avec autant d'esprit que lui. Il était légitimiste, et ne se départait jamais de son principe : *Plutôt rompre que céder*, ne modifiant en rien ses idées, et ne se lassant jamais de flageller les aspirations révolutionnaires, quel que fut le pays où elles apparussent, et quelles qu'en fussent les conséquences. On peut lui appliquer ces vers d'Horace (Od. liv. III. 3).

Justum et tenacem propositi virum
Impavidum ferient ruinæ.

2

« Comme écrivain, il était remarquable par la force de l'argumentation, et encore plus par la clarté, la pureté et l'élégance de son langage. »

Pendant l'année 1855 il se maria à Paris avec une Anglaise, en compagnie de laquelle s'écoulèrent paisibles et heureuses les dernières années de cet homme aussi remarquable par la bonté de son cœur que par la puissance de son intelligence; simple dans ses goûts, affable dans ses manières, serviable et bon dans toute l'étendue du mot. Il y avait chez lui l'union rare d'une imagination chevaleresque et poétique, et d'un esprit pratique. Dans ce qu'il appelait « le magasin de sa mémoire » il avait accumulé tant de richesses que sa verve ne tarissait jamais. Que ce fussent des événements historiques, des pages entières de *La Lusiade* de Camoëns, dont il était admirateur passionné, ou bien l'art positif des chiffres, tout lui était familier, et dans les réunions intimes, sans cérémonial, qu'il aimait, ces ressources donnaient à sa conversation animée et instructive, un charme irrésistible.

Tel il a vécu, tel il est mort, vieillard honoré, après une courte maladie à l'âge de 77 ans. Ses restes reposent dans le cimetière de Passy.

Que la terre lui soit légère !

I

De toutes les promenades de Paris, le Jardin des Plantes est celle que je préfère. Ce magnifique établissement est, de toutes les institutions de cette ville, celui qui offre le plus grand nombre d'objets à décrire et les plus intéressants à étudier. Je le préfère non-seulement pour ce motif, mais encore parce que j'y rencontre je ne sais quoi de sauvage qui me charme. Les collines s'élèvent, les vallons descendent, partout on rencontre la simple nature, ou du moins la nature bien moins maltraitée et violentée qu'ailleurs par la tyrannie de l'art.

Maintes fois je l'ai montré et expliqué à des Portugais et à des Brésiliens, qui m'avaient prié d'être leur conducteur dans cette espèce de labyrinthe, qui se comprend mal sans interprète. Comme j'ai rendu aujourd'hui encore ce service à une famille espagnole, qui me demandait la

même faveur, je crois que la meilleure manière
de donner une description complète et agréable
de cet établissement grandiose, sera de trans-
crire, autant que je puis me les rappeler, les
explications que je leur ai données. De cette
manière, la narration aura quelque chose de
négligé en harmonie avec le désordre et l'irrégu-
larité des objets dont il s'agit de donner une
idée.

Voici donc à peu de chose près le discours,
ou pour mieux dire la conversation que je leur
ai tenue, autant que ma mémoire me permet de
la reproduire.

Entrons par la porte de la rue Saint-Victor,
où nous arrivons en face de la fontaine monu-
mentale, érigée à la gloire de Cuvier.

Sans aller plus loin, nous avons déjà devant
nous un objet très-digne de notre attention.
C'est cet arbuste qui fait si petite figure, et auquel cependant sont attachés de très-grands sou-
venirs. Contraint de vivre dans un pays étranger, il ne peut croître comme il croîtrait dans
ces doux climats de Palestine et d'Égypte, pour
lesquels il fut créé. Toutefois, ses caractères
essentiels ne sont pas perdus. Nous savons tous
par l'histoire sacrée que quand Dieu confia à
Moïse la mission de faire sortir de l'Égypte le
peuple hébreu, l'ordre de l'Éternel lui fut trans-
mis au moyen d'une voix qui sortait d'un buis-

son qui brûlait sans se consumer. Le buisson
d'où la voix du Très-Haut parlait au législateur
du peuple Israélite est précisément l'arbuste
que nous voyons. La science l'appelle *Mespilus
pyracanthus*, le vulgaire lui donne en français
le nom de *buisson ardent*. Vers la fin de l'automne, il se couvre d'un nombre immense de
grappes de fruits d'un vermeil ardent, qui donne
de loin à l'intéressant arbuste l'apparence d'une
montagne en feu. Le fait historique dont je viens
de parler serait déjà suffisant pour le rendre
très-remarquable ; mais il y en a encore un
autre d'une bien plus grande valeur, qui doit le
rendre digne de vénération, au moins pour nous,
qui avons le bonheur d'être chrétiens. Ce fut de
cet arbuste que les Juifs tressèrent la couronne
d'épines du Sauveur. Dans les rigoureux climats
du Nord, les épines, dont la plante est partout
remplie, n'ont pas la dureté qu'elles acquièrent
en Palestine, et qui leur valut la préférence
que leur donnèrent ceux qui se procurèrent
des instruments de cruauté envers le Fils de
Dieu.

Montons maintenant cette colline, qui, au
moyen d'un chemin tortueux qu'on appelle *labyrinthe* je ne sais pourquoi, va droit au *belvédère*
du Jardin des Plantes. Ceux qui ont des jambes
pour y monter y jouiront du meilleur coup d'œil
de la capitale ; excepté seulement le magnifique

panorama de Paris visible du haut de la coupole du Panthéon.

En tout cas, saluons d'abord ce jeune arbre planté dans ce petit terrain, et qui, quoique encore dans sa première enfance, assombrit déjà de ses rameaux la plus grande partie de la colline qui lui sert de berceau et plus tard lui servira de sépulture. C'est ce *cèdre du Liban* que Jussieu apporta de l'Orient dans le fond de son chapeau pour le planter ici sur le site où nous le voyons maintenant. Il n'a pas encore 150 ans, et déjà tout l'espace environnant paraît trop petit pour lui; lorsqu'il aura 800 ans et plus il faudra que tous les autres arbres, qui l'entourent maintenant, disparaissent pour que le géant confisque le terrain entier à son profit, et peut-être même ne trouvera-t-il pas dans toute la colline un espace suffisant.

Le reste de cette colline est occupé, comme on le voit, par une infinité de plantes exotiques, dont le seul mérite est d'être venues de loin. Voici, par exemple, un *cèdre du Thibet*; on ne sait pas encore ce qu'il sera, il s'élève de trois ou quatre palmes au-dessus de terre. Et voici quelques pieds de *néfliers du Japon* que je vois depuis trois ans précisément dans le même état où ils furent plantés. Enfin voici, recouvrant de haut en bas ce rocher, une plante grimpante qui certes prospérerait admirablement dans notre climat de Portugal. Quand elle est en fleurs c'est une des plus belles que l'on puisse choisir pour berceau ou pour treille. Les botanistes l'appellent *Pecoma radicans*, les jardiniers lui donnent le nom de *Jasmin de Virginie*.

Laissons encore de côté ce groupe d'*ifs* que tout le monde connaît et ces *cotonniers de Nepaul* et descendons examiner deux plantes qui méritent plus d'attention que ce que nous avons maintenant devant les yeux. La première s'appelle *Sophora du Japon;* elle est remarquable par cette circonstance assez singulière que les branches, après avoir atteint une certaine hauteur, se courbent vers la terre et forment par leur réunion une espèce de grotte ou cabane de verdure naturelle. L'autre plante digne de remarque dont les feuilles ressemblent un peu à celles d'un acacia, s'appelle *Baguenaudier;* les fleurs en sont vermeilles, de même forme que celles des haricots et des autres papillionacées; le fruit est une gousse comme celle que donnent les autres légumineuses. Le fruit est d'abord renfermé dans une capsule assez semblable à une petite vessie pleine de vent; quand la capsule est comprimée entre les doigts, elle crève, faisant une espèce de craquement, c'est l'amusement des gens qui n'ont pas beaucoup à faire, et de là dérive le verbe français *baguenauder*, qui signifie s'occuper de choses frivoles.

Nous avons maintenant devant nous deux allées qui se bifurquent : celle de gauche conduit aux amphithéâtres de chimie et d'anatomie comparée ; celle de droite aux serres de ce magnifique établissement. Prenons par cette dernière, et notons en passant cette multitude de *magnolias* de différentes espèces qui ornent ce petit tertre, et à droite ces masses de *yuccas de la Caroline*, avec leurs superbes tiges de fleurs blanches en forme de tulipes ; ces plantes font grand effet dans un jardin.

Il est impossible d'examiner minutieusement les immenses serres que nous avons devant nous, la revue seule des plantes rares qu'elles contiennent nous prendrait une journée entière ; toutefois, pour qu'on ne dise pas que nous n'avons rien vu des variétés qui s'y trouvent, notons ces deux plantes qui sont ici à l'entrée, et qui ne sont pas des moins curieuses de toute cette riche collection.

La première est particulière au Brésil où on l'appelle *Sapocaia*. Très-petite est l'idée que l'on peut se faire de sa taille en la voyant dans cette terre qui n'est pas la sienne. Dans son pays natal, lorsque les circonstances la favorisent, elle devient un arbre puissant comme un chêne, et des plus forts. Rien de plus curieux ni de plus singulier que le fruit du sapocaia, nommé par les Français *marmite de singe*. Son volume est celui des grands cocos de Bahia, sa forme est celle d'une véritable marmite avec son couvercle; marmite dans laquelle la nature apprête un de ses meilleurs repas, pour le servir à l'homme quand le mets est prêt. Tant que le fruit contenu dans la marmite n'est pas mûr, il serait plus facile de casser le couvercle en mille morceaux que de l'ouvrir; lorsque le fruit est mûr, le couvercle s'ouvre spontanément, et la marmite apparaît pleine d'excellents marrons de la même couleur que nos marrons ordinaires, mais plus volumineux et aussi savoureux. C'est de l'avidité avec laquelle les singes recherchent ce fruit que lui vient le nom qu'on lui donne en français.

L'autre plante, quoique plus humble et plus commune, est encore plus admirable et plus singulière, elle nous arrive des déserts de l'Asie pour lesquels elle paraît avoir été expressément créée, par la bonté infinie de l'Auteur de toutes choses. Les botanistes lui donnent le nom de *Nepenthes lacrymatoria.* Ses feuilles sont lancéolées, c'est-à-dire en forme de lance. Chez quelques-unes, la nervure du milieu, simple prolongement du pétiole, s'étend jusqu'à l'extrémité de la feuille sur une certaine longueur, prend d'abord la forme d'une vrille de vigne, puis, grossissant peu à peu, se transforme en une urne gracieuse, munie de son couvercle. Pendant le jour, c'est-à-dire depuis le lever jusqu'au coucher du soleil, l'urne reste fermée, et il faut une certaine force pour l'ouvrir; sitôt que le soleil se couche elle s'ouvre, et reste ouverte jusqu'au lever du soleil du jour suivant. Pendant la nuit la vapeur humide de l'air se condense en forme de gouttelettes qui vont se recueillir peu à peu dans l'urne. Au matin, le couvercle tombe sur l'orifice du petit vase, et celui-ci reste rempli d'environ trois ou quatre onces d'eau potable et propre à étancher la soif. Lorsqu'un voyageur se perd dans ces interminables déserts; que, tourmenté par la soif, il se voit sur le point de succomber, s'il rencontre un pied de népenthès il peut se considérer comme sauvé. Il ouvre deux, trois urnes, boit l'eau qu'elles contiennent et peut avec joie continuer son voyage. J'ai maintes fois entendu les sarcasmes lancés contre les finalistes à cause de leurs prétentions. Pour moi cependant, seul ce fait du *Népenthes lacrymatoria* est un argument irréfutable en faveur de la théorie des causes finales; que les moqueurs disent de moi ce qu'ils voudront.

Ma dernière observation sur les serres qui sont en face de nous, c'est que toutes leurs vitres présentent une teinte verdâtre, à vrai dire peu agréable à la vue. Ce n'est pourtant pas sans motif que cette étrange couleur a été choisie; la raison en est que les vitres ainsi coloriées jouissent de la singulière propriété de décomposer les rayons solaires, de telle sorte que les rayons verts étant réfléchis, les rayons calorifiques traversent les vitres, pénétrent à l'intérieur et y restent retenus sans pouvoir en sortir. De cette manière s'accumule dans les serres la quantité de chaleur nécessaire pour élever la température au point nécessaire pour que les plantes des pays méridionaux puissent y vivre en France.

Mais voici que l'horloge sonne midi, et c'est justement l'heure où s'ouvre le jardin zoologique, partie très-intéressante de ce magnifique établissement. Hâtons-nous d'y aller, car nous avons beaucoup à y voir, et puisque notre chemin se trouve par cette allée, notons en passant les beaux arbres qui la bordent des deux côtés ; ce sont des arbres propres au Mexique, portant le nom que justement on leur donne dans cette contrée de *Mespilus parasol*. Effectivement, chaque arbre, lorsqu'il est couvert de feuillage, est un véritable parasol ; il n'en est pas, dans tout le monde de plus propres à former de jolies allées de verdure.

Nous sommes maintenant à la porte du Jardin zoologique, auquel sert comme d'intéressant prélude cette enfilade de fosses dans lesquelles nous observons quelques-uns des individus dont se compose la plus riche collection d'animaux vivants que l'on connaisse en Europe.

Les trois animaux enfermés dans cette première fosse appartiennent à l'espèce porc. Effectivement, ils sont en Amérique les représentants des sangliers de l'Europe. La seule différence qu'ils ont avec les sangliers des montagnes consiste dans leur museau plus pointu ; les dents canines dont les sangliers ordinaires se servent comme d'une arme terrible sont bien moins développées, et ils sont bien plus petits ; dans leur pays, on les appelle *pécaris*.

Les autres fosses sont occupées par différentes espèces d'*ours*, depuis les ours ordinaires de la Suisse et des Pyrénées jusqu'aux ours blancs du Nord. Le plus remarquable de tous ceux de la collection est ce puissant animal qui est ici devant nous, faisant des singeries pour que nous lui jetions un morceau de pain. Le peuple l'appelle Martin, et il jouit d'une grande célébrité. Comme l'on voit, il n'a rien de féroce dans la physionomie, dans laquelle rien n'indique des instincts sanguinaires. A notre arrivée, il dormait avec la tranquilité de quelqu'un qui a la conscience tranquille ; il vient de se lever pour nous recevoir. C'était le sommeil du juste ; il ne serait pourtant pas prudent de se fier à ces apparences de mansuétude. Il y a quelque temps, un campagnard, qui s'amusait à lui

jeter des morceaux de pain, laissa tomber par
hasard une pièce de cinq francs dans la fosse. Ne
voulant pas la perdre et se fiant à la douceur
apparente de l'animal, il y descendit pour la ra-
masser; mais sitôt que Martin le vit près de lui,
il se jeta sur le malheureux et l'étreignit dans
une si forte embrassade que, si les gardiens n'é-
taient pas arrivés immédiatement, l'imprudent
serait passé à une vie meilleure.

Malgré cela, Martin jouit d'une grande réputation auprès des administrateurs de l'établissement; il est logé, comme vous voyez, avec un
certain luxe, il a une excellente cabane, où il
peut se réfugier quand il fait mauvais temps, une
fontaine abondante pour étancher sa soif, une
forte ration de viande tous les jours, et pour
comble d'attentions pour un si grand personnage, on lui a fait dresser cet immense mât, garni
de branchages, pour lui servir de distraction à
ses heures perdues. Quand l'animal est de bonne
humeur, il grimpe en haut du mât comme un
chat, et en descend avec la même facilité.

Mais, entrons dans le Jardin zoologique pro-
prement dit, et que les personnes qui m'accom-
pagnent prennent garde de ne pas me perdre de
vue, car nous sommes dans un labyrinthe aussi
embrouillé que celui de Crète. Celui qui me quit-
tera d'une semelle, ne me retrouvera plus et se
verra bien embarrassé pour sortir.

Les différents animaux enfermés dans cette enceinte y sont placés sans aucun égard à leur affinité zoologique ; on y voit les phoques, par exemple, réunis aux oiseaux, les pachydermes aux ruminants, et autres disparates du même genre. Observons donc en passant les animaux que le hasard nous présente, à mesure que nous pénétrons dans le Jardin.

Celui qui vous tend le museau par la grille de la petite cage qui lui sert d'habitation, est surtout digne de la reconnaissance des dames pour les services qu'il leur rend, et qu'elles payent sans la moindre difficulté au poids de l'or, que les maris le veuillent, ou non. C'est une *chèvre du Thibet*; c'est de cet animal que l'on tire la laine si précieuse employée dans la fabrication des châles de cachemire. Chaque châle tissé avec cette qualité de laine coûte au moins mille francs ; ceux de première qualité vont jusqu'à cinq mille et plus.

Tout près de cette chèvre, nous voyons des *moutons de l'Afrique du Sud* dont l'aspect est vraiment hideux. Rien, en effet, de plus laid que cette monstrueuse queue formée par une masse de graisse qui pèse quelquefois deux arrobes et plus. Cette singularité rend l'animal précieux dans les pays où l'on fabrique des chandelles de suif. Cette même monstruosité a une fin providentielle et de telle importance que sans elle une espèce entière d'animaux ne pourrait vivre. Il existe, dans le pays où habite cette variété de moutons, un animal appelé *Proteles* qui ressemble beaucoup au chacal, mais qui est si mal doté par la nature, par rapport aux organes de la mastication et de la digestion, qu'il n'est presque pas de substances dont il puisse se nourrir ; pour les végétaux, il n'a pas d'estomac capable de les digérer ; pour vivre de proie, il n'a pas d'armes pour les conquérir ; pour vivre de chair morte, il n'a pas de dents pour la mastiquer, puisqu'elles sont toutes plates et impropres à cette fin. Son unique ressource consiste à suivre de près les troupeaux de moutons, qu'il accompagne et suit partout, comme le requin accompagne et suit le pilote. En donnant un coup de dent dans la queue de l'un des moutons et arrachant un morceau de graisse qu'il lui est facile de mastiquer ; un coup de dent par-ci, un coup de dent par-là, ainsi vit-il et soutient-il son existence si précaire. Quant à l'animal mordu, la blessure lui fait si peu d'impression, qu'il n'y fait presque pas attention.

Dans le compartiment en face de celui que nous venons d'observer, se trouvent différentes espèces de *cerfs*, qui n'offrent aucune particularité ; une seule est digne de fixer notre attention par la beauté de sa peau. On l'appelle *taxis*, elle a la peau très-joliment mouchetée de taches blanches.

Autrefois, cette espèce était rare en France, maintenant elle est si commune que l'on trouve sa chair sur les tables et dans les étalages des restaurants.

En suivant cette allée sinueuse, nous arrivons à des cloisons entourées de grilles de fer, occupées par trois espèces d'animaux, originaires de l'Amérique méridionale. Le plus petit d'entre eux est la *Vigogne;* les autres, de plus haute taille, s'appellent les uns *Alpagas*, les autres *Lamas*. Tous sont employés dans l'Amérique espagnole, près des Cordillières, comme bêtes de somme, comme les chameaux en Afrique. Ce n'est pas là le seul service qu'ils rendent aux habitants; leur chair est excellente, aussi bonne que celle du cerf, leur lait ne cède ni en bonté ni en saveur à celui de la vache, leur laine, sans être de très-belle qualité, est cependant très-propre à la fabrication de ces étoffes velues dont se servent spécialement les marins. La plus précieuse des trois espèces est la *Vigogne*, dont la laine extrêmement longue est aussi beaucoup plus fine et plus belle que celle des meilleurs mérinos d'Espagne.

Nous sommes maintenant dans un carrefour si embrouillé que je ne sais guère quel chemin serait le meilleur à prendre. Prenons à tout hasard celui-ci qui nous conduit à cette grande rotonde qui est là-bas, vis-à-vis de nous, et au-dessus du mur de laquelle une tête nous salue.

Cette tête appartient à un animal africain appelé *girafe*, que rarement on voit vivant ici, car, peu de temps après son arrivée, il meurt victime de l'âpreté du climat. Rien de plus élégant que cette peau couleur de rouille, couverte de taches noires régulièrement disposées; rien de plus disgracieux et de plus étrange que cette singulière conformation : les jambes de derrière très-courtes et celles de devant très-hautes; de plus, un cou d'une longueur démesurée, couronné par une tête entièrement disproportionnée par sa petitesse avec le corps de l'animal. On dirait que la nature se serait moquée de cette pauvre créature, et que, pour la former, elle aurait réuni au hasard deux moitiés qu'elle avaient préparées pour deux animaux entièrement différents. Par suite de l'élévation extraordinaire de son cou, la pauvre girafe ne peut se nourrir que de feuillage qu'elle récolte comme elle peut aux branches des arbres ; le gazon qui se trouve sous ses pieds ne peut lui servir, ne pouvant pas y arriver, à cause de l'élévation démesurée de ses membres de devant. Pour boire, la difficulté est encore plus grande; il lui faut entrer dans l'eau jusqu'à une certaine hauteur, pour pouvoir boire commodément; si l'eau est basse, elle subit le sort de Tantale, car même en écartant ses jambes de devant pour que son long cou puisse y arriver, elle n'y réussit pas toujours.

3

Tout le monde connaît les deux animaux du compartiment suivant, le *dromadaire* et le *chameau*, qui ne diffèrent l'un de l'autre que parce que le premier a une seule bosse sur le dos, tandis que le second en a deux. La seule chose que je veuille remarquer en eux, c'est que dans leur présence dans les immenses déserts africains nous voyons un excellent argument en faveur de la doctrine des causes finales. Effectivement, il n'y a rien de plus admirable que l'étroite harmonie qui existe entre l'organisation du chameau et les circonstances climatériques du pays dans lequel il doit passer sa vie. Ces animaux ont à traverser des déserts immenses où, pendant des jours et des jours on ne trouve ni eau ni aliments; si la Providence ne les eût pas doués d'une organisation exceptionnelle, qui les met en mesure de lutter avec les difficultés locales, leur existence serait impossible; d'où par conséquence un terrible argument contre la sagesse infinie du Créateur. Heureusement rien de tout cela ne se vérifie, au contraire tout se trouve en parfaite harmonie avec la fin pour laquelle ont été créés le dromadaire et le chameau.

En effet, ces bosses informes, qui à première vue nous paraissent être une grande difformité, ne sont autre chose qu'un véritable réservoir d'aliments, savamment préparé par la nature

pour réparer les pertes occasionnées par les
secrétions et excrétions qui constituent l'exercice de la vie durant les jours d'abstinence auxquels est condamné l'animal. En même temps
que l'abstinence se prolonge, la bosse diminue
jusqu'à disparaître entièrement. Lorsque l'animal retrouve de quoi se nourrir, la bosse recom-
mence à reprendre le volume que présentent
celles que nous voyons. Pour satifaire à la nécessité de la soif, la nature a recours, pour arriver
à sa fin, à un autre moyen que voici. On sait que
tous les animaux ruminants possèdent quatre
estomacs. Dans le premier, commun à tous les
ruminants, qu'on appelle *panse*, existe un certain nombre d'excavations membraneuses, res-
semblant aux doigts d'un gant, dont chacune
représente une espèce d'intestin qui va s'ouvrir
dans la cavité de la panse; chacune de ces prolongations membraneuses est pourvue d'un
sphincter, muscle au moyen duquel l'animal peut
l'ouvrir ou la fermer à sa volonté. C'est dans ces
prolongations que le chameau dépose l'eau dont
il se sert quand la nécessité l'y oblige; c'est là
qu'il la conserve fraîche et pure pour les cas
extraordinaires; c'est de là aussi que l'animal la
fait sortir lorsqu'il n'a pas d'autre moyen d'étancher sa soif.

L'animal voisin du chameau est encore un
animal africain très-rare. Cette masse informe

de chair s'appelle *rhinocéros.* Masse étrange et
désagréable à la vue ; quelles jambes, si courtes
pour un tel monstre ! Quelle tête, si petite et en
même temps si extraordinaire pour un tel corps !
Mais surtout quelle peau singulière ! On croirait
que le Créateur prit mal ses mesures lorsqu'il
tailla le manteau qui devait servir de vêtement
à l'animal ; il sortit de ses mains beaucoup plus
long qu'il ne devait être, de sorte que, pour
l'accomoder au corps auquel il devait servir, il
n'y eût de remède que de lui faire tous ces rem-
plis pour en diminuer les dimensions. Le rhinocéros est un animal extrêmement tranquille
et inoffensif. Cependant lorsque la nécessité de
se défendre l'oblige à sortir de sa gravité, il se
sert avec une grande dextérité de l'arme terrible
dont le Créateur l'a doté, et combattrait même
un éléphant. Il y a deux espèces de rhinocéros,
les bicornes et les unicornes. Les premiers ont
sur la lèvre supérieure deux cornes au lieu
d'une ; de ces deux cornes une est bien plus petite que l'autre et placée derrière elle. Celui que
nous voyons est unicorne.

Les deux vastes compartiments tout près du
rhinocéros servent d'habitation à deux de ses
plus terribles ennemis. Ce sont deux *éléphants,*
l'un d'Afrique, l'autre d'Asie. La différence
entre les deux espèces est que dans l'une les
oreilles sont extrêmement longues, dans l'autre

extrêmement courtes. Il y a aussi une grande différence dans les dents. Si le rhinocéros est déjà un animal singulièrement difforme, l'éléphant est en tout monstrueux. Ce nez prolongé en trompe, et organisé de manière à servir de cinquième membre à l'animal, est certainement la plus étrange singularité que pût imaginer le Créateur. Que la trompe soit le véritable nez de l'animal, nous pouvons facilement le vérifier.

Voici qu'il nous la tend entre les barreaux de sa prison ; on voit avec toute la clarté possible la cloison transversale qui sépare les deux narines. Ce qu'il demande en étendant ainsi la trompe c'est qu'on lui donne un morceau de pain ; et voilà qu'on lui en donne un qui doit bien peser un kilogramme, grain de millet dans la bouche d'un âne. En un instant il le saisit avec sa trompe, le jette dans l'effrayante cavité de sa bouche où il le laisse tomber, et voici qu'il retourne avec sa trompe en demander encore.

Malgré ses formes grossières, l'éléphant possède une rare intelligence ; celui de l'Afrique que nous avons devant nous comprend parfaitement tous les ordres du cornac qui le dirige, et lui obéit avec docilité. Un jour je le vis faire un exploit auquel certes je ne m'attendais pas.

Ayant reçu permission de sortir de sa prison pour prendre un peu l'air, ce qu'il comprenait

admirablement, il mit sa trompe entre les barreaux de la porte de son logement, tourna la
clef, et, quand il aperçut que la porte était seulement poussée, d'un coup de pied il l'ouvrit et
vint faire force salutations au cornac qui se tenait à côté, le caressant avec sa trompe en témoi-
gnage de remercîment. Après avoir parcouru à
son gré toutes les allées du Jardin sans faire de
mal à personne, à un signal du cornac, il revint
immédiatement à son habitation et se laissa en-
fermer sans la moindre marque de résistance.

Nous voilà arrivés à l'habitation de très-jolis
animaux. Celui-ci, tout rayé de noir, c'est le
zèbre que tout le monde connaît; les autres que
nous voyons là-bas de couleur baie, appartiennent à la noble race chevaline; ils sont de
couleur baie par la partie supérieure du corps,
et blancs par l'inférieure, ce sont des *Hémiones*
de l'Asie. Il n'y a rien de plus joli qu'un hé-
mione, c'est une créature bien formée, bien ai-
mante, bien éveillée et outre cela bien plus
facile à domestiquer que le zèbre, dont jusqu'à
ce jour on n'a jamais pu tirer parti. Les hémiones nés en France sont parfaitement domesti-
qués, se laissent monter, pourvu que celui qui
les monte soit bon écuyer. Une circonstance
digne de remarque c'est que tous les hémiones
ont invariablement la même couleur que ceux
que nous voyons, et chose encore plus singu-

lière, c'est que cette jolie couleur baie est le caractère distinctif de tous les animaux du désert. Quelle que soit la cause pour laquelle le désert influe ainsi et toujours de la même manière sur la couleur des animaux qui l'habitent, personne ne le sait. Ce qui est certain, c'est que tous les animaux de ces régions présentent invariablement cette couleur; même les lièvres, dont tout le monde connaît la couleur ordinaire, dans le désert changent cette couleur et suivent la règle générale. La même chose arrive aux lions, aux chats et jusqu'aux oiseaux comme le moineau, qui revêtent la couleur baie caractéristique du désert, lorsqu'ils l'habitent.

Les animaux qui habitent ce dernier compartiment sont des *tapirs* de l'Asie. Il suffit de les regarder pour voir qu'ils sont proches parents des porcs; ils ont les mêmes formes, les mêmes habitudes de creuser, le même museau, mais plus prolongé et un peu plus propre à servir d'instrument de préhension comme la trompe des éléphants. La différence essentielle consiste dans les pieds; ceux des porcs ont quatre doigts, dont deux seulement atteignent la terre. Chez les tapirs, chaque pied a trois doigts et tous atteignent la terre et servent pour marcher.

II.

Avant d'aller plus loin et de visiter cette autre rotonde appelée *Palais des Singes*, il faut passer par l'habitation des *reptiles* et profiter de l'occasion pour observer quelques-uns des plus remarquables de ces animaux vraiment hideux et très-désagréables à voir, mais en même temps extrêmement curieux. La collection des reptiles est peut-être la plus riche du monde; le temps nous manque pour tout examiner, mais au moins voyons en passant tout ce qui est accessible au public à travers les vitres des cages qui leur servent d'habitation.

Ceux qui se trouvent dans les premières, personne ne dirait ce qu'ils pourront devenir un jour. Ce sont des *crocodiles* de la plus petite des espèces dont se compose la famille des crocodiles, on leur donne le nom de *caïmans*. Au-dessus d'eux, comme grosseur, il y a les crocodiles du Nil ou de l'Égypte, les gavias ou crocodiles du Gange, qui sont les plus grands de tous et qui ont des proportions monstrueuses.

Chez ceux-ci, nous pouvons remarquer une

circonstance extrêmement digne d'attention et
commune à tous les individus de cette même
famille, tant dans le nouveau que dans l'ancien
Monde. C'est que la langue est tellement adhé-
rente à la mâchoire inférieure, que l'animal ne
peut lui faire faire que peu de mouvements. C'est
une particularité de son organisation, d'où résultent des conséquences très-remarquables. Par
suite de cette conformation, l'animal ne peut pas
remuer la langue à sa volonté dans la cavité buc-
cale, ni par conséquent débarrasser ses dents
des fragments de chair qui y adhèrent, après
avoir dévoré sa proie. Pour la même raison, il
ne peut se débarrasser des nombreuses sangsues
qui abondent dans les eaux embourbées qu'il
habite, et qui entrant dans sa bouche s'y accro-
chent et lui épuisent le sang. Les divers incon-
vénients qui en résultent sont graves. La perte
de sang occasionnée par les sangsues est considérable; les dents restent quelquefois si enve-
loppées de fragments de chair pourrie, que l'animal ne peut guère s'en servir ou du moins qu'a-
vec beaucoup de difficulté.

Il était d'une nécessité absolue que la nature
portât remède à ce mal et, effectivement, c'est
ce qui arrive. Mais quel est le correctif employé
par le Créateur pour remédier au vice d'organisation des crocodiles? J'ai peur de le dire par
crainte que l'on ne me croie pas. Il y a, dans

tous les lieux qu'infestent les crocodiles de leur horrible présence, un petit animal qui paraît n'être créé pour autre chose que pour nettoyer les dents de ces monstres de la création. Ce petit animal est un oiseau de la famille des hirondelles. Lorsque le crocodile a besoin de ses services, il se tient bien tranquille, ouvre bien grand le gouffre de sa bouche, le petit oiseau entre immédiatement dedans, becquète de ci et de là, fait son repas de chair et de sangsues, s'en va, et est suivi par d'autres, puis par d'autres encore faisant la même besogne, jusqu'à ce que le cloaque soit parfaitement vide et propre. Quant au crocodile, l'instinct lui dit de quelle importance est le bienfait qu'il reçoit, et tant que les hirondelles lui font le nettoyage de sa bouche, il ne fait pas le moindre mouvement pouvant les effrayer ou les faire fuir.

Je parlerai peu de ces *lézards* qui n'ont rien de remarquable que la langue, qui est bifurquée comme celle des serpents; circonstance unique parmi toutes les espèces de lézards connus.

Mais voici un personnage digne de la plus haute considération à cause de son lignage, rien moins qu'un individu appelé par les anciens *Python,* d'où est dérivé le nom si fameux de Pythonisse. Ce monstre acquiert en Amérique, où on le nomme *boa constrictor*, l'énorme longueur de cent palmes. Celui que nous voyons n'est pas

des plus grands de son espèce, pourtant il aurait
la force d'étouffer un animal de grande stature,
une chèvre, par exemple, s'il pouvait l'entortiller
dans ses plis.

Il n'y a pas de spectacle plus curieux qu'un
serpent qui dévore sa proie ; mais si le spectacle
est curieux et intéressant, il n'est pas possible
de l'observer sans serrement de cœur. J'assistai
à un de ces repas, il y a quelque temps, et j'ai
encore bien présente à l'imagination la doulou-
reuse scène dont je fus témoin. Voici ce qui se
passa. On jeta dans la cage du boa un lapin vivant de la plus grande taille. La pauvre victime
se voyant en présence du monstre, et ayant certainement le pressentiment de son sort, se blottit
dans un coin en se gardant bien de faire le
moindre mouvement qui pût attirer l'attention
du serpent.

Les serpents, de même que tous les reptiles,
ne peuvent se nourrir que de proie vivante ; si
on veut les attirer avec un morceau de viande ou
d'animal mort, ils ne le prendront pas, il faut
qu'ils tuent eux-mêmes leur nourriture pour
qu'ils la dévorent. Comme notre lapin ne faisait
aucun mouvement et paraissait mort, le monstre
n'y faisait pas la moindre attention, le croyant
probablement indigne de son regard ; mais sitôt
que la malheureuse victime, peut-être pour
essayer de s'échapper, donna un léger signal de

sa présence et fit connaître par cela qu'il était
vivant, en un instant, le monstre se précipita sur
lui, l'enroula dans les mille plis de son horrible corps, et le tua au moyen d'une formidable
étreinte.

J'ai vu le pauvre lapin, les yeux sortant de la
tête et la langue de la bouche, dans les angoisses
de la mort; j'ai entendu ses os craquer par la
force de la pression qu'ils subissaient; j'ai vu
la victime changer de forme, perdre une grande
partie de la grosseur naturelle de son corps et
acquérir peu à peu en longueur ce que à force de
compression il perdait de sa première grosseur.
C'était nécessaire pour que le volume de la victime fût en harmonie avec les dimensions de la
bouche où elle devait entrer.

Ces horribles préparatifs terminés, le monstre
détacha de ses plis la victime déjà morte et se
mit en mesure de la dévorer. Il commença, avec
un instinct admirable, par la tête et, par conséquent, suivant le sens du poil et dans la direction naturelle des membres; s'il avait commencé
par la partie opposée, la déglutition eût été impossible quand il lui aurait fallu avaler les jambes
de derrière. Pour que la déglutition fut plus facile, il inonda d'abord la tête de l'animal d'une
grande quantité de bave. Cette première opération faite, sitôt la tête entrée dans la bouche,
il était impossible de la sortir, car les dents du

serpent, courbées d'avant en arrière, permettent l'entrée d'un corps, mais en rendent impossible la sortie.

Quoique le lapin eût changé de forme, ayant perdu de grosseur et gagné en longueur, ses dimensions n'étaient pas encore en rapport avec la bouche du serpent; sans une ressource extraordinaire, il lui était impossible de l'engloutir. Cette ressource était la suivante. Il se désarticula les deux os dont se compose la mâchoire inférieure, qui sont liés l'un à l'autre seulement par un ligament intermédiaire. Au moyen de cet artifice, les dimensions de la bouche augmentèrent peu à peu, et les deux os s'écartèrent de plus en plus, à mesure que la grosseur du corps l'exigeait. Mais, comme ainsi le passage de l'air eût été intercepté, car le corps de la victime obstruait l'ouverture de la bouche et rendait la respiration impossible, il fallait aussi quelque moyen extraordinaire pour remédier à un si grand inconvénient. Ce moyen consiste en ce que la trachée-artère, avec l'ouverture de la glotte, se disloque, et cette dernière vient s'unir avec un des côtés de la bouche et ouvre ainsi communication avec l'air. De cette manière, la respiration se fait sans la moindre difficulté pendant la longue opération de la déglutition. Son repas terminé, le serpent tomba dans une sorte de torpeur et d'immobilité, comme fatigué du grand travail qu'il venait de faire. Du lapin, rien ne se voyait que le volume qu'il formait dans le ventre du monstre qui venait de le dévorer.

Dans cette même direction, nous entendons un petit bruit, un frou-frou produit par les mouvements du monstre qui habite cette cage. Il est natif du Brésil et de l'espèce appelée *crotas horridas* par les naturalistes. Ce nom lui vient de l'instrument qu'il porte dans la queue et qui, par le son qu'il produit, annonce ses mouvements; ici, en France, on le nomme *serpent à sonnettes.*

Les dents vénéneuses de ces animaux sont au nombre de deux, placées dans les côtés latéraux de la mâchoire supérieure; chacune consiste en un tube qui s'étend depuis la base jusqu'à la pointe qui est très-aiguë. La base de la dent est fixée sur une petite vésicule pleine d'un liquide particulier; et c'est dans ce liquide particulier que consiste le venin. Quand le reptile mord, la dent, qui est courbée comme un crochet, entre dans la chair, le mouvement de pression qu'occasionne la morsure ouvre la vésicule, en exprime le venin qui court le long du tube de la dent et entre de cette manière dans le corps de l'animal mordu, qui meurt en peu d'instants et reste à la disposition du serpent pour lui servir de proie.

Quand le serpent mord, en règle générale, la pression qu'il exerce sur la partie mordue est

peu considérable, et la dent vénéneuse pénètre
si peu dans la chair de l'animal mordu, que c'est
à peine si l'on aperçoit la blessure. Quelquefois,
cependant, telle est la bonne volonté avec laquelle mord le serpent, que la dent pénètre dans
la chair jusqu'à la base, et quand l'animal veut
la retirer, il ne le peut pas. Lorsque cela arrive,
la dent enfoncée dans la chair de la victime
blessée y reste, et le serpent demeure privé du
terrible instrument que la Providence lui a
donné pour se pourvoir de proie.

Une telle perte entraînerait certainement la
mort du serpent, si la nature n'y avait.point
porté remède de la manière suivante.

A côté, et un peu en arrière de la dent vénéneuse, il existe une petite protubérance couverte de proéminences pyramidales, dont chacune est le germe d'une nouvelle dent vénéneuse.
Quand, par accident, le serpent perd une de
celles qu'il avait, alors pousse une de ces dents
rudimentaires ; elle se développe rapidement et
vient occuper la place de celle perdue.

Moins laids et complètement inoffensifs sont
les animaux qui occupent la place suivante. Ce
sont des *caméléons* ; un est blanchâtre, un autre
verdâtre, un troisième de couleur foncée, presque
noir, et un autre bleuâtre. Chose singulière, ceux
qui nous paraissent être de telles couleurs aujourd'hui, dans une autre occasion, nous les

verrons se montrer avec d'autres couleurs. C'est
une des singularités de ces reptiles, qui sont
encore remarquables par des circonstances
uniques et exclusives à leur espèce. C'est le privilége dont ils jouissent de pouvoir regarder en
même temps dans deux directions différentes.
Chez tous les autres animaux, les deux yeux
suivent forcément la même direction, du côté
qu'ils veulent voir. Seuls, les caméléons peuvent
regarder avec un œil à droite, l'autre à gauche,
l'un par devant, l'autre par derrière, et ainsi successivement. Comme tous les reptiles, les caméléons se nourrissent de proie vivante qui, pour
eux, consiste en des insectes qu'ils attrapent
avec grande facilité, au moyen de l'organisation
singulière de leur langue qui est protractile, c'est-
à-dire extrêmement extensible. Ainsi, quand le
caméléon voit une mouche à une distance convenable, en un clin d'œil, il lance comme une
flèche sa langue qui, toute imprégnée de mucus,
enveloppe l'insecte, auquel la viscosité du liquide ne permet pas de mouvoir les ailes, et le
coup est fait.

Je ne dirai que peu de chose des *grenouilles*
et de leurs métamorphoses. Ces poissons à grosse
tête, qui se meuvent avec une si grande agilité,
doivent se transformer plus tard en grenouilles;
poissons ils sont, puisqu'ils respirent par des
ouïes dans l'eau. Mais bientôt ils acquièrent

deux membres antérieurs, et restent encore à l'état de poissons, avec la queue et les ouïes pour respirer, mais ayant acquis deux autres membres. Enfin, peu à peu, la queue s'atrophie et disparaît, et, par une étrange transformation, les ouïes s'atrophient également et sont remplacées par des poumons, de telle manière que l'animal, d'aquatique qu'il était jusqu'alors, passe à l'état d'animal terrestre, respirant l'air atmosphérique et pouvant, par conséquent, vivre hors de l'eau, ce qui lui était jusque-là absolument impossible.

Quant aux *salamandres*, je ferai seulement remarquer le rare privilége dont elles jouissent de reproduire avec la plus grande facilité différentes parties de leur corps quand, par accident, elles viennent à les perdre. C'est un privilége unique parmi les animaux vertébrés.

Si l'on coupe la queue d'une salamandre, en peu de temps il lui en naît une autre; si on lui coupe une jambe, il s'en reproduit également une autre; enfin, si on lui arrache un œil, voilà un autre œil qui se développe et vient se substituer au premier. Vraiment il coûte à croire que l'organisme animal possède les forces vitales nécessaires pour reproduire un organe aussi compliqué que l'œil, mais le fait est bien constaté par le professeur Duméril et par d'autres, et il ne reste pas le moindre doute à ce sujet.

Avant d'arriver au Palais des Singes, visitons

4

encore les animaux enfermés dans cette longue
espèce de galerie, où sont exposées les bêtes féroces, qui ne sont pas les moins intéressantes de
la collection.

Les *panthères* sont, de tous les animaux féroces, ceux dont la peau riche et veloutée est la
plus recherchée comme ornement. Rien, en effet,
de plus élégant que cette peau jaune, tachetée de
noir ; chaque tache formée, comme on voit, d'un
assemblage de petites taches qui, par leur réunion, font le meilleur effet que l'œil puisse dé-
sirer.

Ces autres animaux sont des jaguars du Brésil,
auxquels on donne le nom de *onces* ; ils sont
aussi féroces que les tigres de l'Afrique, quoique
de moindre stature, et, par conséquent, moins
terribles.

Voici un *léopard* d'Asie ; le léopard est un
véritable tigre, quant aux caractères zoologiques ;
ses jambes sont beaucoup plus hautes et ses instincts bien moins sanguinaires que ceux de ce
chef de sa race. On peut même l'apprivoiser facilement ; il est susceptible d'éducation, et, dans
les pays où il habite, il n'est guère d'homme
riche ou important qui n'entretienne un ou deux
léopards, dont il se sert comme chiens de chasse.
Il mène avec lui sur la croupe de son cheval l'a-
nimal dont il veut se servir ; lorsqu'il voit la
proie qu'il veut saisir, le léopard saute sur elle

comme un faucon et, en quelques instants, dépose aux pieds du cheval la victime que le fidèle animal y laisse, morte ou vivante, sans y toucher. Il est, certes, curieux et intéressant de voir un animal si féroce, apprivoisé et dressé au point de rendre de si grands services à l'homme. Cependant, si j'étais riche habitant de l'Arabie, je ne m'exposerais jamais à aller à la chasse en compagnie d'un léopard sur la croupe de mon cheval.

Voici maintenant *le roi des animaux*, comme l'on dit. Cette magnifique crinière, particulière aux animaux adultes, lui imprime un certain air de grandeur et de majesté. Celui qui, si tranquillement assis devant nous, nous regarde avec grande sérénité, a vraiment quelque chose de royal, et peu ou rien de sanguinaire ou de féroce dans la physionomie. On parle beaucoup de la générosité du lion. Ce qui est certain, c'est qu'il n'a pas les instincts féroces et sanguinaires du tigre, qui tue pour tuer, même après s'être assouvi ; mais la vérité est que la générosité du lion existe seulement lorsque l'animal a le ventre plein. Quand la faim le presse, malheur à la victime, quelle qu'elle soit, sur laquelle il peut jeter ses griffes. Ici, où rien ne lui manque, la clémence et la magnanimité, dont il fait parade, ont effectivement quelque chose de généreux et de royal.

Les lionnes, enfermées tout auprès, n'ont de remarquable que d'être moins élégantes et magnifiques que les mâles de la même espèce.

Voici maintenant un animal bien digne de notre attention, à raison de la mauvaise réputation dont il a longtemps joui dans le monde, réputation que, par esprit de justice, je veux réhabiliter; cet animal est *l'hyène*.

Nulle créature dans tout le règne animal n'a été aussi calomniée que l'hyène, et n'a vu se répandre contre elle de si cruelles accusations et surtout si mal fondées. Effectivement, les crimes dont on l'accuse, elle ne peut les commettre; jamais elle ne pourrait perpétrer les incroyables horreurs qui lui sont imputées, même si elle le voulait.

Certes, dans ce regard épouvanté qu'elle tourne vers nous, il y a quelque chose d'affreux, et, certes, cette agitation continuelle qui ne lui permet pas un instant de repos, n'augure rien de bon; mais il suffit d'observer avec attention ces formes et cet ensemble pour reconnaître qu'une hyène n'est rien autre chose qu'une sorte de chien, et un chien extrêmement maltraité par la nature, puisque étant créée pour se nourrir de proie, elle ne lui a donné ni l'agilité pour la poursuivre, ni la force nécessaire pour la conquérir. En effet, le train de derrière, moins élevé que celui de devant, fait reconnaître à pre-

mière vue que l'animal ne peut être bon cou-
reur, ni même doué de grande force. Pauvre
hyène, c'est précisément parce qu'elle est inof-
fensive et n'a pas le moyen de faire le mal, que
la crédulité publique l'a si indignement calomniée.

On l'accuse de rôder la nuit autour des cime-
tières, déterrant les cadavres pour s'en repaître.
C'est vrai; il en est ainsi. Mais pourquoi? Parce
que l'organe visuel que la nature lui a donné est
constitué de telle façon qu'il ne peut supporter
la lumière du jour, parce que se sentant sans
force pour attaquer une proie vivante, elle se
contente de ce que les autres animaux ne veulent
pas, se nourrissant des corps morts que le hasard
lui présente, et les déterrant quand ils ne sont
qu'à peu de profondeur de la surface de la terre.
Est-ce crime ou plutôt impossibilité de faire le
mal? Réhabilitons donc la réputation de la
malheureuse hyène, et au lieu de lui vomir des
imprécations et de la maltraiter, ayons compas-
sion d'elle.

Nous sommes maintenant en présence de trois
différentes espèces d'animaux, un *loup*, un *chacal* et un *chien sauvage* de la nouvelle Hollande.
Il est bien difficile de savoir où finit l'espèce
loup et commence celle du chacal, où finit l'espèce chacal et commence celle du chien. On
prétend que le chien seul aboie, que les loups

et les chacals hurlent. S'il en était ainsi, ce serait un caractère qui, réuni aux autres, pourrait établir la différence entre la première espèce et les deux autres; la vérité, à cet égard, est ceci :

Les chiens qui aboient sont uniquement les chiens civilisés, qui acquièrent ce don dans la société de l'homme. Les chiens sauvages hurlent comme les loups; mais, quand on les transporte dans la familiarité de l'homme, on les civilise en peu de temps; ils commencent à aboyer comme les autres et toute différence disparaît. Si, au contraire, des chiens civilisés et qui ont appris à aboyer, retournent aux montagnes et redeviennent sauvages, peu à peu ils perdent le langage qu'ils avaient appris chez les hommes, et ils commencent à hurler comme les loups et les chacals.

La sociabilité du chien est souvent avancée comme un argument pour prouver qu'il diffère de race d'avec les loups. Mais, si les loups sont si peu sociables, c'est parce qu'on leur fait partout une guerre à mort. En effet, menez-les dans la société des hommes et traitez-les comme on traite les chiens, et en peu de temps ils se montreront aussi sociables, aussi caressants et aussi dociles qu'eux. L'expérience en a été faite souvent dans cet établissement, et toujours avec le résultat que je vous indique.

Nous rencontrons dans cette espèce de grand étang destiné à l'habitation d'une infinité d'oiseaux aquatiques qui y sont réunis, les cygnes noirs de la Nouvelle-Hollande, avec d'autres oiseaux européens et américains, parmi lesquels les beaux *canards* de la Caroline, qui ne le cèdent à aucun des plus jolis oiseaux du monde en richesse de couleur et de plumage.

Au milieu de cette troupe d'oiseaux vous voyez se mouvoir une masse informe que l'on ne saurait définir, mais d'où sort une tête ronde comme celle des mammifères, ornée d'yeux vifs et d'une physionomie pleine d'intelligence. Cette masse informe est un *phoque*. La première chose digne de remarque chez ce curieux animal c'est qu'étant lui-même carnivore, et par conséquence vivant de proie, il vit ici en bon camarade avec tous ces oiseaux aquatiques qui nagent comme lui dans le même étang, sans faire jamais de mal à aucun. Il est impossible d'être plus sociable et plus doux que lui ; voilà le gardien qui entre et qui lui apporte à manger ; de suite il saute hors de l'eau et court à sa rencontre, mais de quelle manière ? Se traînant sur le ventre parce qu'il n'a pas d'autre manière de marcher. Effectivement quoique le Créateur lui ait donné quatre membres ayant chacun cinq doigts garnis d'ongles, ces membres sont absolument impropres à la marche ; les deux de devant ne sont que des moignons extrêmement courts, qui n'atteignent pas la terre et qui ne lui servent que pour les mouvements de natation ; les membres de derrière, au lieu d'être perpendiculaires au tronc, suivent la même direction horizontale que le reste du corps, se terminent en s'aplatissant et restent unis l'un à l'autre, figurant la queue d'un poisson et servant comme elle à diriger les mouvements de l'animal dans l'eau. De cette conformation singulière, il résulte que lorsque le phoque est sur terre, il devient nécessairement victime des ennemis qui l'attaquent, n'ayant pas les moyens de se défendre ni même de fuir; mais dans l'eau il y a peu d'animaux qui puissent rivaliser avec lui en rapidité de mouvements, ou qui aient de si bonnes dents pour se défendre contre ceux qui l'attaquent.

Admirons en passant cette magnifique collection d'oiseaux rares aux couleurs brillantes: *ibis rouges* du Brésil, *faisans* de l'Australie et autres dont le temps nous manque pour raconter les particularités. Arrêtons-nous aussi devant ces oiseaux nocturnes, les *grands ducs*, les *hiboux*, les différentes espèces de chauve-souris, et surtout examinons le *vampire,* qui est une chauve-souris comme les autres, mais avec des habitudes et des singularités d'organisation si remarquables et si étranges au milieu de la famille à laquelle il appartient qu'il est un des plus curieux animaux que l'on connaisse.

Le vampire est originaire de l'Amérique méridionale. Nul animal jouit d'une aussi sinistre réputation que lui, et, au contraire de ce qui arrive pour l'hyène, tout le mal qu'on dit de lui est encore trop peu pour les méfaits dont il est coupable. Vampire veut dire suceur de sang, et c'est la pure vérité.

Lorsque les Espagnols, après avoir conquis l'Amérique, se mirent à la coloniser, ils remarquèrent qu'un grand nombre des animaux domestiques qu'ils y avaient amenés de l'Europe et qui dormaient au grand air, mouraient vidés de leur sang sans qu'ils pussent découvrir la raison d'un tel malheur. Ayant posté des sentinelles pour veiller sur ce qui se passait, bientôt celles-ci virent au clair de la lune des bandes d'oiseaux de formes extraordinaires voltiger autour des animaux qui dormaient à la belle étoile. Ils espérèrent que les oiseaux se reposeraient pour pouvoir en attraper plus facilement quelques-uns, mais ils attendirent en vain ; ces grands oiseaux continuaient à voltiger et ne se donnaient pas le moindre signe d'arrêt. A la fin, ayant réussi à s'emparer de quelques-uns, ils virent que ce qui leur avait paru être des oiseaux de formes extraordinaires n'étaient que des chauves-souris, et ils virent en même temps que les animaux autour desquels ils avaient voltigé étaient couverts de sang, qui découlait des plaies faites par les vampires.

Ce qui arriva aux Espagnols arrive encore aujourd'hui dans toutes les parties de l'Amérique infestées par cette espèce de chauve-souris. Lorsqu'un animal ou un homme s'endort la nuit au grand air, sans abri, immédiatement tombent sur lui un ou plusieurs vampires, qui lui sucent le sang jusqu'à ce qu'il soit ou mort ou très-affaibli par sa perte.

La manière dont les vampires exécutent leur horrible office est extraordinaire et nécessite une explication. Quiconque examine la bouche de ces animaux la voit bien garnies de dents extrêmement pointues comme les dents du chien, et doit penser que c'est au moyen de ces dents que le vampire fait la blessure d'où doit sortir le sang pour l'assouvir; cependant il n'en est pas ainsi, et l'opération a lieu au moyen d'un mécanisme entièrement différent. La langue de l'animal est pourvue vers le milieu d'un cercle de protubérances charnues. Quand le vampire veut sucer le sang de sa victime, il applique ces protubérances sur la partie de la peau qui lui paraît la plus propice, et formant avec sa langue une espèce de ventouse, il opère par ce moyen le vide nécessaire pour que la succion ait lieu. A la faveur de ce vide le sang afflue à la partie où est fixée la ventouse, et, s'accumulant peu à peu, finit par sortir des veines, pour fournir au monstre l'aliment dont il a besoin. Une circonstance très-singulière, c'est que, pendant qu'il suce, le vampire ne se pose jamais sur sa victime, se soutenant toujours sur ses ailes en les agitant sans interruption, et occasionnant un zéphir frais et extrêmement agréable dans ces climats des tropiques, ce qui empêche la victime de s'éveiller.

Le vampire n'excède pas la grosseur d'un rat ordinaire. Voyez-vous sur cette solive qui traverse toute l'étendue de la volière, un corps d'une forme indéterminée? A première vue on ne distingue pas bien ce que c'est, mais en l'examinant avec attention vous reconnaitrez que c'est le corps d'un animal suspendu à la solive la tête en bas. Cette étrange position est en effet celle que les vampires comme les autres chauves-souris choisissent pour se reposer. Les pouces des mains sont chez eux pourvus d'un ongle très-fort en forme de crochet; quand ils veulent dormir, ils plient leurs ailes, se fixent avec cet ongle à quelque objet qui leur sert de point d'appui, et restent là pendus jusqu'à l'arrivée du crépuscule, heure à laquelle ils sortent pour chercher leur nourriture.

Les vampires, comme également toutes les autres chauves-souris, sont nocturnes non pas à cause de la sensibilité de leur organe visuel, mais par suite de l'extrême finesse de leur organe auditif qui ne peut supporter sans incommodité le bruit, plus grand pendant le jour que pendant la nuit. C'est pour ce motif qu'ils se cachent pendant le jour dans les endroits qui leurs paraissent les plus propices pour échapper aux bruits du jour. Mais comme cette précaution ne leur suffit pas toujours, la nature les a doués d'un organe particulier appellé *auricula*, qui consiste en une protubérance charnue, attachée à côté de l'ouverture extérieure du canal auditif et qui remplit le même office que les paupières pour les yeux. Lorsque l'animal trouve que le bruit extérieur est trop fort et qu'il veut le diminuer, il n'a qu'à se couvrir les oreilles et il trouve le remède dans cet appareil naturel.

Les grands ducs sont aussi des animaux nocturnes, mais pour des motifs différents ; ils le sont par suite de l'extrême sensibilité de l'organe visuel que la nature leur a donné, qui ne peut supporter l'impression trop forte pour eux de la lumière du jour.

Reposons-nous à l'ombre de ce magnifique acacia, que les naturalistes nomment *Robinia parasol*, et admirons cette allée formée de rangées de ces arbres aux formes si gracieuses et à la couleur vert foncé si brillante.

Mais voici que nous détruisons insciemment toute une ville bien peuplée, et cela par une race qui en industrie et en intelligence peut se mesurer avec la nôtre. Ceux qui pensent que la société travailleuse et intelligente est le privilége exclusif de l'homme se trompent du tout au tout, car il existe dans le domaine de la nature plusieurs espèces, chez lesquelles on observe la même organisation sociale et les mêmes conditions nécessaires pour se constituer ainsi.

Ce n'est pas une simple agglomération d'individus comme les troupeaux de gazelles ou comme les bancs de harengs et autres poissons, qui voyagent à travers les déserts ou l'océan en légions sans le moindre lien qui attache les individus les uns aux autres; mais c'est une véritable société dans toute la rigueur du mot, avec une hiérarchie aussi compliquée que celle des sociétés humaines; où un seul individu exerce le pouvoir suprême, où chaque classe s'occupe de ses affaires, et où chaque individu au lieu de travailler seulement pour lui ou dans son intérêt personnel, travaille pour la communauté, se contentant du profit qu'il doit retirer indirectement de la prospérité générale.

Cette organisation spéciale ne se présente pas avec le même degré de perfection chez toutes les espèces qui vivent en société. Chez les *chevaux*, par exemple, on voit un individu auquel les autres obéissent pour la marche et les moyens

de défense commune. Chez les *castors*, les rela-
tions sociales sont bien plus perfectionnées;
mais où les choses arrivent au plus haut degré
de perfection, c'est chez les *abeilles*, les *guêpes*,
et surtout chez les *fourmis*, dont la société est
telle, que tout ce que l'on en dit paraît être un
roman, et cependant, rien de plus vrai.

Tout le monde sait que chez les *abeilles* il y a
un individu qui exerce le pouvoir suprême, à
qui obéissent tous les autres, et qu'on appelle
rex ou reine. Elle ne sort jamais sans être accom-
pagnée d'un cortége royal, composé d'une ving-
taine d'individus qui lui servent de garde d'honneur, et aussi de conseil d'État. Outre cette garde
royale, il y a d'autres individus qui s'occupent
exclusivement du service de la personne royale,
jusqu'à même celui du chirurgien ou médecin
du palais.

Tout le monde sait aussi que, dans la société
des abeilles, chaque classe s'occupe uniquement
de sa profession, les uns sont chargés de la construction de l'édifice commun, les autres de l'éducation des larves qui seront plus tard transformées en abeilles, d'autres à procurer l'alimenta-
tion nécessaire à la communauté, d'autres à la
construction des fortifications contre les ennemis
de l'extérieur.

Tout ceci est certainement admirable, mais
chez quelques espèces de *fourmis* (et ce sont des

villes de fourmis que nous foulons maintenant sous nos pieds).

Je dis donc que chez quelques espèces de fourmis, il y a quelque chose de plus extraordinaire que même chez les abeilles ; elles ont une armée, elles font usage d'animaux domestiques ; et, chose que quelques-uns pourrait croire exclusive à l'espèce humaine, elles ont, en un mot, des esclaves. Oui, messieurs, l'esclavage ! ce qu'il y a précisément de plus violent et de plus injuste chez l'espèce humaine est exercé chez elles comme chez les hommes.

N'avez-vous pas quelquefois vu pendant le printemps de nombreux animalcules verdâtres couvrant les feuilles des rosiers et autres plantes, qu'ils mangent et détruisent en peu de temps ? Ces animalcules s'appellent pucerons, ils exudent par leur abdomen une liqueur sucrée, dont les fourmis sont extrêmement friandes. A chaque instant, on les voit courir après les pucerons, non pour leur faire du mal, mais pour leur dérober ce liquide qui fait leurs délices. Lorsque arrive l'automne, les pucerons disparaissent de la surface de la terre, et les fourmis doivent recourir à d'autres moyens pour se rendre l'existence supportable.

Si les fourmis étaient hommes, comment raisonneraient-elles en présence du fait de la disparition de ces animaux dont elles tirent tant de profit pendant le printemps, et sans lesquels elles se trouvent obligées de vivre lorsqu'arrive l'hiver? Probablement ainsi : « Voilà des animaux qui nous sont d'une immense utilité pendant leur existence, mais qui vont bientôt disparaître, nous privant d'une ressource précieuse qui nous rend la vie si agréable. Comme c'est à la rigueur de la saison qu'il faut attribuer cette disparition, ne serait-il pas convenable de les attirer dans nos maisons, de leur bâtir des étables, dont la température leur conviendrait, et de prendre soin d'eux en leur fournissant tout ce qu'il faut pour vivre. De cette manière, nous les aurions toujours à nous, et les avantages que nous tirons d'eux ne souffriraient pas d'interruption. »

Que les fourmis raisonnent de cette manière ou non, je n'en sais rien; ce qui se voit, c'est qu'elles agissent précisément comme si elles avaient raisonné comme je viens de le dire. Effectivement, ce n'est ni une fois ni deux que l'on a rencontré dans les fourmilières des étables ou écuries, dans lesquelles les fourmis recueillent et conservent des pucerons, les soignent et leur fournissent tout ce qui leur est nécessaire, afin de les avoir toujours prêts et de pouvoir les traire, précisément comme s'ils fussent des vaches laitières.

Maintenant, par rapport à l'esclavage, voici

ce que l'observation a démontré. Ce n'est point dans les fourmillières pauvres et misérables que l'on rencontre des esclaves. La société à peine civilisée se contente de l'indispensable; ce n'est seulement qu'après avoir obtenu la nourriture qu'elle aspire au confortable, et c'est seulement après que le confortable existe en abondance qu'on se procure le délicat. Telle est la loi des sociétés humaines, et telle est aussi, comme vous verrez, celle qui régit la société des fourmis.

Examinez une de ces fourmillières dans lesquelles on sait que l'usage des esclaves est ordinaire. S'il s'agit des premiers temps de la colonie, jamais vous n'y rencontrerez un seul esclave; mais lorsque la société a acquis un certain degré de prospérité et d'opulence, on les y rencontre, et voici ce qui se passe. Ces satrapes deviennent arrogants et veulent que d'autres travaillent pendant qu'ils se reposent. Dans ce but, il sort de la colonie une expédition, probablement sous le commandement d'un de leurs capitaines les plus expérimentés. Cette expédition exploratrice va attaquer une autre fourmillière, quelquefois très-éloignée de celle d'où est sortie l'expédition. L'assaut donné, la victoire obtenue, la seule chose dont s'occupent les conquérants, c'est de saisir toutes les larves qui, lorsqu'elles seront développées, formeront des fourmis travailleuses. Ce riche butin d'esclaves futures est

5

dirigé sur la métropole, où les larves emprison-
nées sont entourées de soins, jusqu'à ce qu'arrive l'époque naturelle de leur transformation.
Quant le grand événement de leur métamor-
phose est arrivé, alors les fourmis prisonnières
sont les seules qui travaillent, toutes les autres
mangent, jouissent de la vie, et rien de plus.
Peu à peu, la mort diminue cette population
travailleuse ; lorsque la diminution arrive à un
certain point, alors sort une autre expédition
qui agit de la même manière que la première.

Avançons vers le Palais des Singes. Parmi
cette multitude de singes, babouins, guenons
de mille espèces, qui courent, sautent et font
des gambades devant le public dans cette enceinte grillée de fer, que l'administration a cons-
truite pour leur servir de lieu de récréation, il
n'y a rien d'extraordinaire méritant un examen
spécial. Mais à côté, dans un compartiment ré-
servé pour lui seul, nous trouverons un *troglodyte* ou, pour mieux dire, un individu de l'espèce des singes qui se rapproche le plus de
l'homme.

Celui dont je parle n'est arrivé que depuis peu
au Jardin. C'est un illustre étranger que l'administration a reçu avec joie, et auquel elle pro-
digue tous les égards dus à son illustre origine ;
par suite, elle lui accorde un appartement sé-
paré, loin des regards du vulgaire. Pour avoir

l'honneur de le visiter, il faut des billets spéciaux, mais comme je suis bien connu des gardiens, auxquels j'ai souvent graissé la patte, comme on dit, nous serons admis sans difficulté.

Oh! nous arrivons très à-propos, voilà le monsieur qui dîne. Remarquez avec quelle délicatesse il choisit et prend les morceaux de ce qu'on lui sert à manger, il prend maintenant sa soupe, lève la tasse à sa bouche et nous regarde comme s'il voulait boire à notre santé. Tous ces mouvements sont essentiellement humains, et quiconque le voit assis comme il l'est maintenant, vêtu d'une casaque de drap, garnie de rubans écarlates, et les doigts couverts de bagues, ne trouvera pas d'énorme différence entre sa figure et celle d'un jeune négrillon.

Tout, en effet, révèle en lui les instincts de l'humanité. Même quand il se couche pour dormir, au lieu de s'étendre sur le ventre, comme le font les autres animaux, les bœufs, les chevaux, les chiens, par exemple, il se couche sur le côté et s'arrange pour avoir toujours la tête un peu plus élevée que le reste du corps.

Il semble même avoir le sentiment et la conscience de sa dignité. Si on lui donne pour compagnon un singe, il se jette sur lui et le mord lorsqu'il se sent le plus fort, ou se fâche et s'éloigne tant qu'il peut, lorsqu'il se sent le plus faible; une telle compagnie ne lui plaît pas; il ne la veut ni

la désire, il se sent comme déshonoré par elle.
Lorsque, au contraire, il se voit entouré d'hommes, il vient au-devant d'eux, se montre disposé
à leur être agréable et paraît leur dire : « Hommes, je suis votre frère. »

Si, au moral, le troglodyte se rapproche autant de l'homme ; au physique, l'analogie n'est
pas moindre. Effectivement, la face, au lieu de
se prolonger en forme de museau comme chez
les autres singes, est droite comme la face humaine, le nez est proéminent bien qu'aplati
comme celui du nègre, nulle différence dans les
oreilles, les dents sont au nombre de trente-
deux comme celles des hommes et disposées de
la même manière. Quant aux mains, l'identité
est si complète, qu'entre la main d'un nègre et
celle d'un troglodyte il n'est pas possible de
trouver la moindre différence. Ce sont les mêmes
cinq doigts bien profondément divisés, avec les
mêmes proportions relatives, avec un pouce
susceptible de se placer devant ou derrière les
quatre autres doigts et enfin les mêmes ongles
plats et conformés comme ceux de l'homme.

Outre ces ressemblances, il y en a encore
une autre plus singulière. Chez tous les animaux connus, les poils du corps sont couchés
d'avant en arrière ou de haut en bas. Chez
l'homme tous les poils ont cette même direction excepté ceux de l'avant-bras qui ont une

direction opposée et sont couchés de bas en
haut, ce qui constitue un caractère essentiellement humain. Or, chez le troglodyte et chez lui
seul parmi les nombreuses espèces de singes,
la même chose se voit précisément.

Un si grand nombre de points de contact fi-
rent penser aux ignorants qu'entre l'espèce humaine et l'espèce singe, la différence n'était pas
assez importante pour établir d'autre division
que celle d'une simple variété, et, par conséquent, dans l'opinion de ces macacophiles ou
misanthropes, tout ce que l'on peut dire en faveur de l'humanité c'est que l'homme est un
troglodyte perfectionné et le troglodyte un homme encore brut.

La vérité, cependant, est que ce n'est que par
suite d'une complète ignorance de l'anatomie
comparée que l'on peut soutenir de telles bille-
vesées. Que les analogies soient grandes, personne ne le nie ; mais que les différences soient
encore plus grandes, c'est ce que tous sont for-
cés de confesser s'ils ne veulent fermer absolument les yeux à l'évidence.

Observons, en effet, les quatre membres de
l'homme ; lui seul a deux membres supérieurs
et deux inférieurs destinés, les premiers, au
tact et à la préhension, et les seconds, exclusivement à la station et à la locomotion ; chez tous les
autres animaux, y compris le troglodyte, au lieu de

deux membres supérieurs et de deux inférieurs, il y a deux antérieurs et deux postérieurs, tous destinés à la locomotion et au soutien du corps.

La seule différence en faveur du troglodyte est que ses quatre membres sont non-seulement instruments de locomotion, mais en même temps instruments de préhension et de tact. Chez l'homme seul il y a deux mains et deux pieds; chez le troglodyte, il y a quatre mains et pas de pieds, et c'est pour cette raison que ces animaux ainsi que tous les singes sont nommés quadrumanes. Si l'on compare la main de l'homme avec son pied, on trouve que c'est seulement dans la main que les doigts sont bien séparés et que le pouce est opposable aux autres doigts comme il le fallait pour pouvoir servir d'instrument de préhension; dans le pied les cinq doigts sont unis et le pouce incapable d'être opposé aux quatre autres, comme il le fallait pour pouvoir servir au soutien du corps. Chez le troglodyte rien de ceci, entre les pieds et les mains, il n'y a pas la moindre différence, et les uns autant que les autres peuvent servir et servent effectivement comme instruments de préhension.

Une conséquence de la destination pour laquelle les membres postérieurs du troglodyte ont été formés, est qu'il lui est impossible de les poser sur la terre dans une position commode pour soutenir le poids de son corps et le maintenir debout ; lorsqu'il veut le faire, il faut qu'il prenne un bâton et appuie dessus le poids de son corps, qui sans cela tomberait à terre ; c'est seulement ainsi qu'il peut faire quelques pas, et même encore avec difficulté.

Il semble créé pour grimper dans les arbres dont les fruits lui servent de nourriture. C'est là sa véritable habitation, c'est là son élément. Il demeure au milieu d'eux, comme nous dans nos maisons. Il saute de branche en branche, d'arbre en arbre, avec la plus grande facilité, s'accrochant tantôt par les mains antérieures, tantôt par les postérieures, et on ne le prend pas vivant tant qu'il se trouve au milieu de ces forêts vierges où les arbres sont si rapprochés les uns des autres, ce qui lui permet de sauter et de courir au milieu d'eux à sa volonté.

A ces différences capitales, je pourrais en ajouter bien d'autres non moins importantes, tant au moral qu'au physique ; je pourrais par exemple citer le don de la parole, concédé exclusivement à l'homme et refusé au troglodyte ; je pourrais noter chez ce dernier l'absence de mollets aux jambes, et de muscles charnus aux membres postérieurs, d'où il résulte qu'ils ne peuvent soutenir le corps. Mais ce que je viens de dire me paraît suffisant pour qu'on puisse conclure, sans la plus petite crainte d'objection sérieuse, qu'un homme est un homme, et qu'un singe est une bête.

Avec le singe se termine tout ce que nous avons de curieux à voir dans le Jardin zoologique; il nous reste à visiter les oiseaux rares qui constituent une des grandes richesses que contient l'établissement. Le temps nous manque pour faire cette très-intéressante revue, et quand même, je ne me sens pas de force à l'entreprendre.

Dans une autre occasion, si la promenade que nous venons de faire vous a inspiré de l'intérêt, je pourrai vous rendre le même service, ce que je ferai avec plaisir.

Ora non più ; ritorni un' altra volta
Chi volontrer la bella storia ascolta.

III.

Ce n'est pas pour vous faire un inventaire des richesses réunies dans le *Cabinet minéralogique* du Musée que je vous conduis aujourd'hui à cette intéressante division du Jardin des Plantes. Des objets semblables à ceux qu'on rencontre ici se voient en plus ou moins grande abondance dans tout autre établissement analogue de l'Europe qu'on visite; mais ce qu'on ne rencontre nulle part qu'ici, ce sont les galeries de zoologie fossile et de paléontologie, créées par l'illustre Cuvier. C'est un livre dans lequel on peut lire l'histoire de la nature écrite par elle-même. Chaque chapitre de ce livre est un système de montagnes, chaque ligne une couche de terrain, chaque phrase un rocher, chaque parole un animal fossile ; mais, pour pouvoir lire ce livre, il faut remonter à des époques très-éloignées, car c'est là seulement que l'on rencontre l'*a b c* de cette nouvelle espèce d'écriture.

Dans le temps, avant le temps pour ainsi dire,

dans les moments où notre planète sortit des mains du Créateur, la terre était une étoile qui brillait dans l'espace, avec la même splendeur que brille aujourd'hui Sirius ou Aldébaran ou toute autre étoile de même éclat.

Cette assertion paraîtra extraordinaire à celui qui la voit maintenant si obscure et si opaque; et, cependant en y réfléchissant un peu, il en comprendra sans la moindre difficulté la possibilité. Un boulet de canon est au moins aussi opaque que la masse de la terre. Mais augmentez peu à peu la température de ce corps, et bientôt voici ce qui arrive. D'abord il commencera par devenir rouge, ensuite il deviendra lumineux, brillant dans l'obscurité; peu à peu ce corps rouge passera au blanc, et en même temps son éclat augmentera de telle façon que la vue en sera difficile à supporter. C'est une espèce d'étoile artificielle qui retombera de nouveau dans l'état d'opacité primitive, lorsque sa température sera suffisamment abaissée.

La même chose arriva à la terre qui, après avoir brillé avec une immense clarté lorsque sa température égalait deux mille fois celle d'un fer embrasé, perdit peu à peu sa chaleur primitive; et aujourd'hui elle est une étoile éteinte.

Pénétrée par une aussi grande masse de chaleur, toute la matière était nécessairement dans ce temps en état de fusion, car à une si haute température il n'y a pas de corps quel qu'il soit, qu'il s'appelle platine, porphyre ou tout autre, qui ne soit fusible. De là, il s'ensuit que la terre, aux premières époques de son existence, fut une masse parfaitement liquide, et liquide par fusion ignée. Plusieurs faits mettent cette théorie entièrement hors de doute ; voici les principaux.

Le plus évident de tous est la forme sphéroïdale du globe terrestre. Pour que la matière lancée par le Créateur dans l'espace acquît cette forme, deux conditions étaient absolument nécessaires : 1° l'état de liquidité ; 2° deux forces contraires ; l'une centripète, l'autre centrifuge.

Le second fait, qui prouve l'état de liquidité primitive de la masse terrestre, est ce qui résulte des éruptions des volcans. Pourquoi la lave de ces volcans sort-elle toujours du centre de la terre sous la forme liquide ? Parce que c'est seulement la croûte extérieure de notre planète qui se trouve consolidée, après avoir perdu avec le temps sa température primitive. Le reste se conserve encore aussi liquide que dans le commencement.

L'existence des eaux thermales, dont la température surpasse souvent celle de l'eau bouillante, est un autre fait aussi convaincant que les éruptions volcaniques, et qui prouve précisément la même chose. La raison pour laquelle ces eaux sortent avec une température si élevée, est qu'elles sortent d'une grande profondeur, où la chaleur est extrême et suffisante pour que les eaux arrivent à la surface de la terre avec cent vingt ou cent quarante degrés et plus.

De ceci résulte que, plus on pénètre à travers la surface de la terre, plus la température augmente jusqu'à être insupportable, ce qui se vérifie tous les jours pendant le forage des puits artésiens. Cette augmentation de température, à mesure que l'on pénètre plus profondément à travers la croûte consolidée de la terre, est régulière, et se calcule par un degré de chaleur pour vingt-huit ou trente pieds de profondeur.

Par suite de la diminution progressive de la température de notre planète, non-seulement son volume fut diminué par le retrait des molécules matérielles, mais encore, à la surface de la croûte consolidée, se formèrent des plis ou rugosités ; effet naturel de ce retrait de la matière. Ces premières rugosités ou plis formèrent les premières montagnes, toutes composées de granit, porphyre, syénite, serpentine, cristallisations qui ne peuvent être que le résultat d'un état de fusion ignée.

A l'époque très-éloignée à laquelle remonte la formation des premières montagnes, il était impossible qu'il y eut de l'eau sur la terre, parce que si la chaleur de la masse planétaire était suffisante pour maintenir en état de fusion des matières aussi réfractaires que celles qui compo-

saient les montagnes primitives, encore plus
était-elle suffisante pour vaporiser toute l'eau du
globe, laquelle, à cette époque, était entièrement réduite en vapeurs subtiles suspendues
dans l'atmosphère. Mais à mesure que baissa la
température, ces vapeurs se condensèrent, ac-
quirent la forme liquide et se précipitèrent sur
toute la surface de la terre, qui se trouva alors
couverte d'une couche d'eau plus ou moins
épaisse, ce qui peut encore aujourd'hui se reconnaître par la présence d'animaux marins,
quelle que soit la partie de la superficie de la
terre qu'on explore.

Le temps me manque pour vous expliquer
minutieusement la marche que suivit la nature,
au moyen des eaux se condensant sur la terre,
et formant par leurs dépôts de matière les couches stratifiées dont elle se compose.

Ces couches, formées par le dépôt des eaux,
ont nécessairement une direction horizontale,
mais en dessous se trouve la matière planétaire
en état de fusion ignée. Si dans ces circonstances,
les matières gazeuses se développent alors avec
leur force d'expansion, elles rompent non-seulement la matière centrale, mais elles se forcent un
passage à travers les couches déjà formées par
le dépôt des eaux, et, à travers ces eaux elles-
mêmes, arrivent à la surface extérieure du globe,
où elles s'extravasent et se consolident. Les

couches stratifiées perdent la direction horizontale qu'elles avaient, et prennent une nouvelle position plus ou moins rapprochée de la verticale, selon la violence qu'elles ont soufferte, et forment ainsi, par l'accumulation des matières d'origine ignée, de nouvelles couches volcaniques, superposées sur les couches d'origine aqueuse.

Il s'ensuit que nous avons sur la superficie de la terre, par l'effet de ces changements, trois ordres de montagnes: 1° les montagnes primitives, de formation ignée, provenant du simple retrait de la matière planétaire pendant l'acte de consolidation; 2° les montagnes formées par l'accumulation des matières déposées par les eaux; 3° les montagnes formées après la consolidation de la croûte terrestre par l'effet des éruptions volcaniques.

Tant que les eaux n'existaient pas sur la surface de la terre, il était impossible qu'elle fût habitée par des êtres vivants, non-seulement à cause du manque d'eau si nécessaire à l'exercice des fonctions vitales, mais encore parce que l'excessive chaleur de la masse planétaire ne le permettait pas. Mais avec la présence des eaux sur le globe, tout changea; l'apparition des animaux devint alors possible, mais seulement des animaux à respiration aquatique, car la terre étant couverte d'eau c'étaient les seuls qui pussent y subsister.

C'est ce que la raison dit, et précisément ce
que l'observation confirme. Effectivement, lorsqu'on examine les premières couches de terre
de formation aqueuse, on y rencontre par-ci
par-là des animaux fossiles, mais seulement
ceux qui respirent par les ouïes, les mollusques,
les crustacés et les poissons. Quelquefois ce sont
des squelettes entiers de ces différentes espèces
d'animaux ; d'autres fois, ce sont seulement les
empreintes laissées dans le terrain qui les enveloppe. On voit par exemple une pierre qui à
l'extérieur ne présente rien de particulier;
mais cassez cette pierre et vous trouverez dedans
ou un squelette de poisson, ou l'image d'un
poisson, peinte par la main de la nature elle-
même, avec une telle exactitude qu'aucun ar-
tiste ne pourrait exécuter une plus parfaite
imitation; écailles, nageoires, dimensions, volume, tout reproduit la parfaite image de l'animal
comme dans un miroir. — Une des galeries
formées par Cuvier présente une longue série
de pierres où chacun peut admirer ces intéressants restes d'un monde disparu.

De tout ce que je viens de dire, il résulte que
cette terre, qui nous paraît aujourd'hui si solide
et dont les entrailles sont de granit, de fer et de
platine, ne fut, avant le temps, qu'un immense
tourbillon de matières gazeuses et incandes-
centes, voguant à travers l'espace, lançant des

torrents de lumière dans toutes les directions,
sans forme définie, et sans qu'il fut possible de
séparer ni distinguer les uns des autres les différents éléments de la masse terrestre que nous
voyons aujourd'hui. C'était *l'époque du chaos*,
qui n'avait pas encore entendu la voix du Créateur, et pendant laquelle tout était confusion et
désordre. Par suite du cours des siècles, cependant, voilà qu'un petit *nucleus* presqu'imper-
ceptible se forme au milieu de toutes ces vapeurs
en ébullition; le voilà qui grossit et s'arrondit.
Une pellicule solide entoure la superficie de la
planète naissante, mais cette pellicule éclate à
chaque instant, par l'explosion des matières si-
tuées au-dessous et à l'état de fusion ignée, et
des torrents de lave accumulés successivement,
couches par-dessus couches, forment la base et
l'origine des montagnes primitives.

Le temps enfin, à la faveur de la diminution
progressive de la température, coagule ce mé-
lange de feu et d'eau, des terrains sédimentaires
épaisissent la croûte terrestre, séparant les éléments lourds qui s'accumulent en précipitations
successives; l'atmosphère se forme, mais encore
ignée, tempestueuse, irrespirable. Quel être organisé aurait pu supporter les âcretés atroces
qui la composaient? D'un autre côté, les immenses terrains déposés par les résidus des
eaux, et qui devaient plus tard constituer le sol

habitable, étaient encore couverts par des océans d'eau bouillante.

D'une manière ou d'une autre, la *première époque* s'était passée, époque de conflits inconciliables et ennemis, d'une chimie incendiaire attirant et repoussant des éléments indigestes. Telle l'imagination des poëtes représenta les premiers travaux du génie aveugle, sourd et sans conscience, qu'on appela Saturne.

Mais, soudain, voilà qu'une algue encore équivoque s'agite et donne le premier signal de la vie, au milieu d'un air déjà attiédi. C'est la plante qui s'ébauche, c'est la vie qui s'essaye, c'est Dieu qui se manifeste.

Les eaux abaissées engendrent des créatures hybrides, confuses, incompréhensibles, qu'un faible souffle de vie anime à peine; ce sont des légions de coquillages informes, de mollusques rudimentaires, de zoophytes inarticulés. La végétation superstimulée par l'air de feu qu'elle respire et par la fermentation puissante dans laquelle pénètrent ses racines, produit de gigantesques arbustes, dont les fougères d'aujourd'hui sont l'image réduite à des proportions de millionième.

La terre apparaît, et ce premier enfantement est une couvée de monstres. C'est le *ptérodactyle*, dont la mythologie fait le dragon. C'est l'*ichthyosaure* à quatre nageoires, qui paraît

6

être ni reptile ni poisson ; c'est le *plésiosaure*, avec le corps du crocodile, la tête du serpent et le col du cygne. C'est la *tortue colossale*, dont la cuirasse de corne, surnageant à la surface de l'eau, paraît une île ; ce sont toutes ces créations excessives, dont les restes fossiles étonnent la science moderne, qui ne voudrait pas croire à l'existence d'êtres si incomplets, si tant de témoignages irrécusables ne triomphaient avec la tyrannie des faits de toutes les incrédulités possibles.

Une particularité curieuse de toutes les populations des époques antérieures à la nôtre, c'est ce qu'il y avait de colossal dans tous les animaux de ces époques antédiluviennes. Il faut le voir pour le croire. Ainsi, les caïmans et les crocodiles d'aujourd'hui sont de véritables riens, auprès des mégalosaures ; un éléphant placé au pied d'un misurio doit se tenir pour satisfait de faire la même figure qu'un agneau nouveau-né, à côté de sa mère ; les os d'un diornis font peur.

Parmi les raretés que nous avons examinées, se trouvent quelques œufs attribués à cet oiseau monstrueux ; il faudrait trois des plus robustes des autruches africaines d'aujourd'hui, pour en faire un d'eux. Un seul suffirait pour rassasier toute une communauté de frères Bénédictins en un jour de jeûne.

Mais une création si incomplète ne pouvait

avoir de durée. Un cataclysme immense emporta tout devant lui. Ces monstres furent ensevelis dans les couches submergées du globe, où la géologie et la paléontologie devaient les découvrir un jour, et les forêts de fougères gigantesques furent transformées en houille.

Telle était la population de la terre dans cette première époque de l'apparition de la vie à sa surface. Cependant, par l'effet des convulsions volcaniques, ou par d'autres moyens, les grandes masses d'eau de la superficie du globe changèrent peu à peu de position, et la terre, jusqu'alors submergée, se trouva au-dessus des eaux et en contact immédiat avec l'atmosphère.

Cette importante modification permit l'apparition d'animaux respirant l'air au moyen de poumons, et non plus seulement l'air mélangé avec l'eau, au moyen d'ouïes; mais comme des localités si récemment sorties du sein des eaux ne pouvaient laisser que d'être extrêmement humides et marécageuses, il fallait que les animaux condamnés à une si singulière habitation, pussent respirer non-seulement l'air atmosphérique au moyen de poumons, mais encore qu'ils pussent en même temps s'enfoncer dans les marécages, dans lesquels ils étaient condamnés à vivre, et qu'ils pussent y rester longtemps sans communication avec l'atmosphère, et cela sans inconvénient pour leur existence.

C'est-à-dire que les animaux de cette *seconde époque* ne pouvaient être que des reptiles. Effectivement, lorsqu'on explore les couches de terrains supérieures à celles de l'époque précédente, au lieu de restes d'animaux purement aquatiques, on commence à rencontrer des squelettes de reptiles, quelquefois très-bien conservés, ce qui met entièrement hors de doute la réalité de la succession des événements que je vous décris.

Mais cependant, à cette nouvelle époque, il n'existe pas de végétaux sur la surface de la terre, ou, s'ils existent, ce sont uniquement des fougères ou d'autres plantes cryptogames, entièrement impropres à la subsistance des animaux. L'époque de l'apparition des plantes graminées est postérieure, et c'est seulement depuis l'existence de cette importante famille végétale que les premiers animaux herbivores ou ruminants peuvent se présenter. Nous avons, avec l'apparition des animaux herbivores, une *troisième époque* de création animale, postérieure en date aux précédentes.

L'existence d'animaux herbivores procure aux animaux carnivores tous les moyens nécessaires à leur subsistance. Ce fut eux qui succédèrent, puis vinrent les oiseaux carnivores et frugivores, car tous avaient les moyens de subsistance en abondance, la surface de la terre se trouvant re-

vêtue de toutes les richesses des produits végétaux.

Une circonstance, cependant, extrêmement
digne d'attention et de remarque pendant les
cinq époques de la création animale, c'est que
dans ces innombrables couches de terrains divers, si riches en reliques d'animaux fossiles,
pas un seul os humain jusqu'ici n'a pu être dé-
couvert. Que doit-on conclure de ce fait? On doit
conclure que c'est, en effet, la dernière œuvre
de la main du Créateur, selon ce que dit la Bible,
et que le caractère distinctif de l'époque actuelle, qui est la sixième et la dernière, consiste
dans l'apparition de l'espèce humaine à la surface du globe.

Il y a, en effet, dans une des galeries formées
par Cuvier, un squelette humain auquel on peut
donner le nom de fossile, mais si l'on examine
le terrain dans lequel il fut trouvé, on verra que
c'est un terrain d'alluvion, et, par conséquent,
de formation très-récente et de l'époque actuelle.

Il résulte également de la comparaison des
populations qui ont peuplé le globe aux six différentes époques de la création animale, que les
espèces d'une époque ne sont nullement celles
des autres; de manière que si nous passons de
la première époque à la seconde, nous voyons
que les mollusques et les crustacés de la première ne sont point les mollusques et les crus-

tacés de la seconde, et encore moins ceux de
la troisième, mais d'autres bien différents.

La même chose se remarque également dans
toutes les époques suivantes, et, par conséquent,
dans l'époque actuelle, où tout ou presque tout
est entièrement différent du passé.

Effectivement, si les crustacés, par exemple,
de notre époque sont des langoustes ou des écre-
visses, ceux des époques antérieures sont des
trilobites ; si les reptiles d'aujourd'hui sont des
crocodiles et des lézards, les primitifs sont des
reptiles entièrement inconnus, auxquels il a
fallu donner des noms nouveaux, comme plésio-
saures, mégalosaures, ichthyosaures et autres
plus ou moins extravagants.

Il en est de même pour les oiseaux antédiluviens, dénommés dinornis, dont on ne connaît aujourd'hui que les os, pour les mammifères
de différentes familles, baptisés des noms de mé-
gathériums, paléothériums, mastodontes et une
infinité d'autres qu'il est inutile de mentionner.

Ce fait très-important de la variation des populations animales, à chaque nouvelle époque
de la création, met les paléontologistes dans un
grand embarras pour en donner l'explication.

Il est évident (et en ceci tous sont d'accord)
que chaque nouvelle création fut le résultat d'un
grand cataclysme qui changea entièrement la
face de la terre, et dans lequel périrent tous, ou

presque tous les animaux existant alors. Mais comment expliquer l'apparition de nouvelles populations? C'est ici que les opinions se divisent radicalement les unes des autres, et il n'est pas facile de les concilier.

Nombre de savants à l'opinion desquels, pour ma part, paléontologiste d'eau douce, j'adhère complétement, disent que la création animale, au lieu d'avoir été unique, fut multiple; qu'à chaque nouveau cataclysme qui balayait toutes les populations existantes, correspondait un nouvel acte de la volonté du Créateur, appelant hors du néant de nouveaux animaux pour peupler la terre, modifiant leur organisation et les mettant en harmonie avec le nouvel état du globe. Par conséquent, les six différentes époques représentent six créations successives.

A ces savants cependant, d'autres non moins dignes de respect et de considération, répondent que la création fut une, que les espèces des époques postérieures sont celles échappées à la destruction du cataclysme précédent, et que si quelque différence s'observe entre les plus anciennes et les plus récentes, on doit l'attribuer aux nouvelles circonstances dans lesquelles ces premières se sont trouvées placées, circonstances qui ont modifié leur organisation.

Je m'accommoderais bien de cette théorie, si elle me paraissait admissible; mais si toutes

les espèces qui existent aujourd'hui existaient
anciennement, pourquoi est-ce que dans les
couches de terrains qui représentent les plus
anciennes époques de la création, n'a-t-on jamais rencontré les squelettes de celles qui existent aujourd'hui? Dirait-on que les squelettes des
mégalosaures, des dinornis, des anaplotheriums
des époques passées, que nous voyons ici, sont
réellement les squelettes des époques contemporaines, modifiées par des circonstances locales?
J'ai souvent entendu Geoffroy-Saint-Hilaire défendre cette théorie qui est la sienne; mais
chaque fois que je l'entends, chaque fois je me confirme de plus en plus dans mon opinion; car jamais on ne me démontrera que les circonstances
locales ont une force suffisante pour transformer,
par exemple, un paléothérium en un tamandua
ou un tatou, qui seraient les animaux corres-
pondants dans la faune de notre époque.

Pour bien comprendre tout ceci il ne suffit
pas seulement de le lire, il faut encore visiter et
examiner minutieusement les galeries de Cuvier,
où tout se trouve disposé dans le meilleur ordre,
et avec toute la clarté possible. Ce sont des œu-
vres parfaites dans toute l'extension du mot, et lors
même que Cuvier n'en eût laissé d'autre, cette
galerie suffirait pour démontrer l'immensité de
son talent. On a de la peine à croire comment il a
pu reconstruire des squelettes entiers d'animaux

antédiluviens, les détachant os par os du milieu de multitudes d'ossements d'animaux de mille espèces différentes, qui se trouvaient pêle-mêle confondus dans les couches des terrains qu'il explorait.

Lorsqu'il reconstitua le premier paléothérium, tous les naturalistes contemporains se moquèrent de lui, disant que le paléothérium de Cuvier était un animal de son invention, et que Dieu savait à combien d'espèces différentes avaient appartenu les ossements arbitrairement réunis par le naturaliste français, pour donner naissance à un animal qui n'avait jamais eu d'existence réelle. L'épigramme était cruelle, mais bientôt le grand naturaliste fut vengé.

Les fouilles de Montmartre continuèrent ; c'était là que s'étaient rencontrées les premières reliques des animaux antédiluviens, et lorsque tout le monde s'y attendait le moins, voilà que se présente un squelette entier d'un animal semblable en tous points à celui auquel Cuvier avait donné le nom de paléothérium et dont il avait reconstruit le squelette. On compara le squelette naturel avec l'artificiel, et on trouva que pas un seul des os disposés et arrangés par l'éminent paléontologiste, comme appartenant à ce même individu, ne lui manquait, et que pas un seul n'était hors de sa place.

Cela étonne, cela confond, pour une telle merveille, il n'y a pas assez d'admiration.

La *troisième époque* atteste un des plus puissants efforts de la création. La nature, encore grossière, continue à fabriquer des créatures démesurées et incohérentes. Tel un sculpteur inculte et barbare modèlerait dans la boue les rêves l'obsédant dans son cabinet obscur. Voici le *mastodonte,* vêtu de laine et armé de quatre énormes dents d'éléphant; voici le *dinothérium,* les dents plus petites, mais courbées par le bas, comme un grappin; voici l'*épiornis,* dont l'autruche actuelle n'est qu'une réduction infinitésimale.

Toutes ces espèces et bien d'autres sont perdues, et celles qui ont survécu, comme l'éléphant, le rhinocéros, l'hippopotame, la baleine, ne peuvent être contemplées sans étonnement. Aucun d'eux ne se trouve en harmonie avec l'échelle de la création actuelle, les uns encombrent les eaux, les autres ne conviennent pas aux forêts qu'ils habitent. Ce sont les spectres du monde fossile qui viennent épouvanter par leur apparition les habitants d'un globe aux proportions amoindries et pour lequel ils ne furent pas créés.

Et cependant, dans ces êtres énormes, on peut découvrir les types sauvages de la faune de notre époque. L'*auroch* annonce le taureau, le *lion* inaugure au milieu des forêts son entrée royale. L'armée des poissons, déjà presque complète,

traverse l'Océan dans toutes les directions. Encore un dernier effort, et l'homme s'éveillera
enfin à l'ombre des palmiers de l'Éden.

Qui sait pourtant si l'homme n'a pas habité
pendant quelque temps avec ces créatures excessives des premières époques de la création ?
Qui sait si la race impie que le Déluge anéantit
n'était pas de stature proportionnée pour pouvoir vivre avec elles? Au moins la Bible ne parle
d'eux qu'avec une certaine horreur mêlée de respect. « Il y eut des géants sur la terre. Ils virent
que les femmes étaient belles, et ils les prirent
pour épouses. Ceux-là étaient, dans l'ancien
temps, des hommes vaillants et renommés. »

Probablement, ces géants furent contemporains de ces colosses dont Dieu, dans le livre de
Job, décrit avec une telle complaisance l'anatomie formidable. Tout paraît indiquer que la
force des géants bibliques se trouvait en harmonie avec les proportions des animaux monstrueux qui erraient avec eux dans les épaisseurs
impénétrables de ces bois primitifs, dans lesquels la plus humble plante cryptogame était de
taille colossale. Qui sait s'ils ne chassaient avec
ardeur le mastodonte et le mammouth? Qui sait
si ce n'était pas avec ces haches de silex, dont
on trouve aujourd'hui dans les terrains fossili-
fères d'innombrables dépôts, qu'ils attaquaient
l'ichthyosaure et le dinothérium ? Ce qui est cer-

tain, c'est que ce furent les vices de ces Titans
primitifs qui furent cause que « Dieu se repentit
d'avoir créé le monde. » Et que le Seigneur dit :
« Je veux exterminer de la face de la terre
l'homme que j'ai créé, et les animaux, et les
reptiles, et même les oiseaux du ciel, car je me
repens de les avoir créés. »

L'imagination s'épouvante et recule presque
d'horreur quand elle se met à penser quels pouvaient être ces grands péchés des antédiluviens?
Les fameuses orgies de Ninive, les festins dé-
vergondés de Babylone ne furent, certes, que
de faibles réminiscences de ceux-là.

L'illustre Cuvier a pu reconstruire l'histoire
naturelle de ces époques lointaines; jamais par
qui que ce soit ne sera reconstruite, ni jamais
ne sera révélée son histoire morale. Les idoles
faites à l'image de leurs iniquités disparurent
avec eux, englouties comme eux, dans les eaux
du Déluge.

Il ne me reste que deux mots à dire sur l'âge
probable de notre époque. Il est impossible de
le calculer, même approximativement; tout ce
que l'on sait, c'est qu'elle est bien plus ancienne
qu'on ne le pense généralement. Selon des calculs
basés sur la détérioration des pierres rocheu-
ses, en comparant celles qui ont été exposées
à l'action de l'atmosphère, avec celles qui sont
restées dans les entrailles de la terre, on

trouve l'énorme période de quatre-vingt mille
ans ; ce qui, selon toute probabilité, ne représente pas encore l'âge véritable de l'époque actuelle.

J'aurais bien des choses curieuses à dire si
je voulais rendre compte de tout ce qui est digne
d'être noté dans le Jardin des Plantes; mais
déjà cet article est beaucoup plus long que je ne
le prévoyais, et la plume tombe de ma main
fatiguée.

Mentre dal carro d'ebano
La notte umida ombrosa
Ingombra il ciel dì tenebre
E tutto il mondo posa
In placido sopor,

Qui dé' ruscei scorrevoli
Al mormorio grazioso,
Or a me vieni o l armonico
Di questo bosco ombroso
Alato abitator.

Vieni, usignuol, d'intessere
Desir mi nacque in mente,
Un armonioso cantico
Al alto Dio possente,
Di tutte cose autor.

Quanto le feo mirabili
E graziose e belle!
Notte ammantò di tenebre,
Sospese in ciel le stelle,
E diede al dì splendor.

Ei vibra e arresta i fulmini,
Colla possente mano,
Egli raffrena ed agita
Del torbido oceano
L'indomito furor.

Ah! vieni, ed al mio cantico
Or sposa il tuo suon grato,
Così non ti pregiudichi
Qualche sparvier malnato,
O ingordo cacciator.

Vicomte DE SERNANCELHE
(1872).

Mihi est propositum
In taberna mori.
Vinum sit appositum
Morientis ori,
Ut dicant, quum venerint,
Angelorum chori,
Esto, Deus, propitius
Huic potatori.

Poculis accenditur
Animi lucerna.
Cor imbutum nectare
Volat ad superna,
Mihi sapit dulcius
Vinum in taberna,
Quam quod aqua miscuit
Præsulis pincerna.

Suum unicuique
Dat natura munus.
Ego nunquam potui
Scribere jejunus;
Me jejunum vincere
Posset puer unus.
Sitim et jejunium
Odi tanquam funus.

Tales versus facio
Quale vinum bibo;
Neque possum scribere
Nisi sumpto cibo.
Nihil valet penitus
Quod jejunus scribo,
Nasonem post calices
Carmine præibo.

Postquam verum habeo
Ventrem bene.tectum
Iter nunquam possum
Invenire rectum.
Nobis ergo, Domine,
Tribue intellectum,
Ut possimus saltem
Invenire lectum.

Escripto no mosteiro de SALZEDOS (em 1821).

www.ingramcontent.com/pod-product-compliance
Lightning Source LLC
Chambersburg PA
CBHW071109210326
41519CB00020B/6244